U0288083

普通高等教育"十三五"规划教材

C++程序设计

刘丽华　刘宏妮　主编

化学工业出版社

·北京·

在程序设计方法方面，C++既支持传统的面向过程的程序设计方法，也支持新的面向对象的程序设计方法。因为 C++是一种混合语言，所以就使得它保持了与 C 语言的兼容，C 程序员仅需学习 C++语言的特征，就可很快地运用 C++类编写程序。

全书共分 8 章。第 1 章为 C++初步知识；第 2 章是类与对象；第 3 章是继承和多态；第 4 章介绍特殊成员函数；第 5 章介绍运算符重载；第 6 章是 I/O 流；第 7 章是模板；第 8 章介绍了异常处理。各章均附有与内容相对应的习题。

本书概念清楚，重点突出，使学生能对使用 C++进行面向对象编程有一个完整的整体认识，并初步掌握实用程序的编制方法及大程序的设计方法，为课程设计打下基础。

可作为计算机及相关专业学生的教材，同时也适合作为社会上各种培训班的教材，并可供广大计算机工作者自学之用。

图书在版编目（CIP）数据

C++程序设计/刘丽华，刘宏妮主编. —北京：化学工业出版社，2016.6

普通高等教育"十三五"规划教材

ISBN 978-7-122-26901-0

Ⅰ.①C… Ⅱ.①刘… ②刘… Ⅲ.①C 语言-程序设计-高等学校-教材 Ⅳ.①TP312

中国版本图书馆 CIP 数据核字（2016）第 085998 号

责任编辑：廉　静　　　　　　　　　　　装帧设计：王晓宇
责任校对：宋　夏

出版发行：化学工业出版社（北京市东城区青年湖南街 13 号　邮政编码 100011）
印　　刷：北京永鑫印刷有限责任公司
装　　订：三河市宇新装订厂
787mm×1092mm　1/16　印张 10¼　字数 266 千字　2016 年 8 月北京第 1 版第 1 次印刷

购书咨询：010-64518888（传真：010-64519686）　售后服务：010-64518899
网　　址：http://www.cip.com.cn
凡购买本书，如有缺损质量问题，本社销售中心负责调换。

定　　价：28.00 元　　　　　　　　　　　　　　　　　版权所有　违者必究

前言

  C++语言是为了适应 20 世纪 90 年代开发和维护复杂的应用软件的需要而研制的。它的目标是为程序员的程序开发提供优良的程序设计环境，以便能产生模块化程度高、重用性和可维护性好的程序。同时，C++语言非常强调代码的有效性和紧凑性，它是程序员的语言，允许程序员决定如何实现特定的操作。因此，C++语言已经在各个领域得到了广泛应用，尤其适用于中型和大型的程序开发项目。许多事实已经证明，C++应用于 C 语言曾经使用过的所有场合，其效果比 C 语言要好得多，从开发时间、开发费用到形成软件的可重用性、可扩充性、可维护性和可靠性等方面，都显示出 C++的优越性。在程序设计方法方面，C++既支持传统的面向过程的程序设计方法，也支持新的面向对象的程序设计方法，因此，C++是一种混合语言。由于 C++的这种特性，就使得 C++保持与 C 语言兼容，从而使许多 C 语言代码不经修改就可以为 C++所用，用 C 语言编写的众多的库函数和实用软件也可以用于 C++中，从而方便了 C 语言用户向 C++的过渡。不过，用 C++编写的程序的可读性更好，代码结构更为合理，可以直接在程序中映射问题空间的结构。

  本书的重点是强调面向对象的程序设计方法，涉及少量 C 语言的知识，所以也可以作为直接学习 C++的教材。第 1 章是 C++初步知识，重点是介绍面向对象的基本概念，并从 C++的观点出发，介绍许多 C 语言所没有的概念。第 2 章是类和对象，重点是介绍面向对象的程序设计知识及定义和使用类的方法。第 3 章是继承和多态，介绍单一继承、多重继承和虚基类，C++的多态性、虚函数、虚函数的多态性及虚析构函数。第 4 章是特殊成员函数，介绍各种常用成员函数的特征。第 5 章是运算符重载，介绍类运算符、友元运算符、重载。第 6 章是 I/O 流，介绍流类库及流应用。第 7 章是模板，模板是将来的发展趋势，所以本书也介绍了模板的基本概念，简要介绍函数模板、类模板、模板与继承的关系。第 8 章是异常处理，介绍了流的错误和处理。

  本书的对象是计算机及相关专业的学生，注重培养独立解决问题的能力，概念清楚，重点突出，使学生能对使用 C++编程有一个完整的认识，并初步掌握实用程序的编制方法及大程序的设计方法，为课程设计打下基础。

  各章除了附有精心挑选的按题型分类的习题之外，还给出了多选题及编程题，以便于概念的理解和编程能力的训练。

  本书第 2、3、5、8 章由刘丽华老师编写，第 1、4、7 章由刘宏妮老师编写，第 6 章由关蕊老师编写，最后由刘丽华老师统稿。

  由于水平有限，不妥之处在所难免，希望同行及读者指正。

编　者
2015 年 5 月于本溪

目录

C++初步知识

计算机软件开发一直被两大难题所困扰：一是如何超越程序复杂性障碍，二是如何在计算机系统中自然地表示客观世界，即对象模型。用 C++语言编写的面向对象程序设计是软件工程学中的结构化程序设计、模块化、数据抽象、信息隐藏、知识表示、并行处理等各种概念的积累与发展，在 20 世纪 90 年代是解决上述两大难题最有希望、最有前途的方法。

面向对象程序设计是软件开发方法的一场革命，它代表了新颖的计算机程序设计的思维方法。该方法与通常结构程序设计十分不同，它支持一种概念，即旨在使计算机问题的求解更接近人的思维活动，人们能够利用 C++语言充分挖掘硬件潜在能力，在减少开销的前提下，提供更强有力的软件开发工具。

面向对象程序设计是软件系统的设计与实现的新方法。这种新方法是通过增加软件可扩充性和可重用性，来改善并提高程序员的生产能力的，并能控制维护软件的复杂性和软件维护的开销。当使用面向对象程序设计方法时，软件开发的设计阶段更加紧密地与实现阶段相联系。在软件设计与实现中，当今有许许多多方法，面向对象方法是在实践中超越其他许多方法的潜在的大有前途的方法，并且在各个应用领域中面向对象程序设计都获得了巨大成功。

从目前现状来看，C++和面向对象程序设计，不仅在尖端技术应用领域（如金融和通信）已立稳脚跟，而且 C++已逐渐地为企业开发人员所接受。C++产品可以给用户一个很好的起跳点，用户可在此基础上按照接近人的思维活动，按不同的对象类向前进展，C++和面向对象程序设计在企业信息系统中占领一席之地是迟早之事。

面向对象方法包含了分析、设计和实现的面向对象方法，这部分是当今软件开发最薄弱的部分，面向对象方法对软件系统开发起着关键作用。本书不仅要在面向对象方法，而且还要在面向对象模型和设计方面加以介绍。面向对象模型和设计更好地加速了对问题需求的了解，使设计更加简洁清晰。特别是分析和设计过程中产生的高质量的产品，能极大地减少在开发后期发现的错误，并能显著地改善系统质量。

C++是目前最流行的面向对象程序设计语言。它在 C 语言的基础上进行了改进和扩充，增加了面向对象程序设计的功能，更适合编制复杂的大型软件系统。这一章将引入面向对象的概念，并通过一个简单的 C++程序来加深用户对面向对象程序设计方法的理解。

1.1　C++语言的起源和特点

　　正如从名字上可以猜测到的一样，C++语言是从 C 语言继承来的，但这种继承主要只是表现在语句形式、模块化程序设计等方面。如果从更重要的方面——概念和思想方面来看，C++源于早期的 SIMULA 语言，因为 C++语言的最大特征是支持"面向对象的程序设计"（面向对象的程序设计的概念见 1.2 节）。SIMULA 语言被广泛地用于系统仿真，设计它的主要目的是模仿现实世界的真实个体，而使用的主要手段是构造计算机领域的对象来表述现实的客体。由于 SIMULA 语言的应用领域并不十分广阔，更重要的一点是它缺乏强有力的开发工具的支持，它并没有得到很大的重视。随后推出的另外一种面向对象的语言 SMALLTALK 也没有取得太大的成功，很多人认为它没有提供给自己足够的灵活性和如同 C 或 BASIC 语言那样丰富的功能，原因关键还在于它和人们早已得心应手的语言并不兼容。比如说，一个 C 程序员可能会对它的新特性退避三舍，因为 C 的特性对他是十分熟悉和亲切的，同时 C 的确是功能强大的，大多数人不愿放弃这些。

　　C++的产生正是为了解开这样的一个"情结"。面对越来越大，越来越复杂的系统，使用 C 语言已经感到力不从心了，但 C 语言作为应用最为广泛的程序设计语言之一，又不能轻易放弃。必须有一种面向对象的程序设计语言，它对 C 语言有很高的兼容性，使得 C 程序员只需在原有的知识上进行一定的扩充，就能够方便地进行面向对象的程序设计。

　　1980 年起，Bell 实验室的 Bjarne st
rouctrup 博士及其同事开始为这个目标对 C 语言进行改进和扩充。由于这种被扩充和改进的 C 语言的大量特性与类（class）相关，它最初被开发者称为"带类的 C"。但很快人们就认识到这个称呼太片面了，这个"扩展了的 C"不仅以标准 ANSI C 作为子集保留了 C 语言的全部精华，同时又吸收了 SIMULA 67，ALGOL 68 和 BCPL 语言的许多特性，它已远远超过了 C 语言。随着这个语言的广泛应用和在各个领域取得成果的增多，它给程序设计带来了全新概念和表现出来远大的前景，它的开发者因此将 C++这一名字赋予它。

　　C++是面向对象的程序设计语言，它与过去的面向过程的程序设计语言比较，C++的最大特征在于它是面向对象的程序设计语言。所谓对象是现实世界中的实体，例如桌子、电视接收机、张三等。具有共同行为和特征的实体的集合，可以被归纳成一类，因此每个对象都是属于某个类的对象，例如，人是一个类，而每个具体的人则是人这个类中的一个对象。面向对象的程序设计是程序设计的一种新思想,该思想认为程序是相互联系的离散对象的集合。面向对象的程序设计语言即是支持这种思想的程序设计语言。

1.2　什么是面向对象

　　在面向对象的程序设计方法出现之前，占据主流的是结构化程序设计方法。对于复杂的问题，结构化程序设计采用模块化、自顶向下逐步求精的设计原则，因此结构化的程序往往清晰、易读。典型的结构化程序设计语言有 C 语言、PASCAL 语言等，著名的 UNIX 操作系统的大部分代码就是用 C 语言编写的。

　　随着软件技术的发展，需要开发的系统越来越复杂。人们逐渐发现，对于大型软件系统来说，如果采用结构化的设计方法，设计、编程、测试和维护等工作都非常困难，而且有许多问题是结构化设计自身无法解决的。在这种背景下，产生了面向对象的方法，而面向对象的程序设计语言（Object-Oriented Programming Language，简称 OOPL）也应运而生。

那么，什么是面向对象的方法呢？

面向对象方法的出发点和基本原则，就是使分析、设计和实现一个系统的方法尽可能地接近我们认识一个系统的方法。形象一点来说，就是使得描述问题的问题空间和解决问题的方法空间在结构上尽可能地一致。这样说可能太抽象，但随着对 C++语言学习的深入，会逐步体会到这一点。

下面介绍面向对象方法的几个重要概念，作为后面学习 C++语言的基础。

对象（Object）：是由信息和对它进行处理的描述所组成的包，其结构如图 1-1 所示。

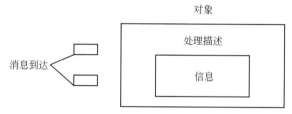

图 1-1　对象的图解

消息（Message）：是对某个对象进行处理的说明方法（Method）：是类似于过程的一个实体，是对对象接受了某一消息后所采取的一系列操作的描述。

类（Class）：是对具有共同特征的对象的描述。

类的封装（Encapsulation）：封装是把一类对象的状态（用数据表示）和方法（用函数来表示）封闭起来，装入对象体中，形成一个能动的实体。OOPL 的封装机制模仿现实生活中的封装技术，把一类对象的数据和函数封闭起来，并提供访问它们的机制。外界只有调用对象的共有成员函数才能和对象交换信息，这样就达到了封装的目的。

类的继承（Inheritance）：是指新的类继承原有类的全部数据、函数和访问机制，并可以增添新的数据、函数和访问机制。这样产生的新类叫子类或派生类，原来的类叫父类或基类，这种产生新类的方法叫类的派生，也叫类的继承。如"汽车"是一个类，"轿车"就是它的子类，而某辆实际的小轿车就是这个子类的一个对象。

多态性：是指相似而实质不同的操作可以有相同的名称。例如，"和"的操作，可以是"整数和"也可以是"矢量和"，在 C++中，这两种和的操作都可以简单地称为"和"。C++的多态性使得 C++与人的思维习惯更趋一致。用 C++编制的程序也更方便人的阅读。面向对象的方法还有许多特征和概念，如虚函数等，会在后面具体介绍。

1.3　C++对面向对象程序设计的支持

C 语言产生于 1972 年，最早用来编写 UNIX 操作系统，经过完善与改进后，它发展成为一种通用的计算机语言。1983 年进行标准化（ANSI C）后，其发展更为迅速，几乎所有操作系统都提供对 C 语言的支持。

1985 年，AT&T 的 Bell 实验室在 C 语言的基础上，吸收了 OOPL 的特点，形成了面向对象的程序设计语言 C++。

C++是一种灵活高效、可移植的面向对象程序设计语言。C++诞生以后，发展极其迅速，很多公司都研制了自己的 C++版本，并推出了多种 C++的集成开发环境。

C++支持基本的面向对象的概念，如对象、类、方法、消息、子类和继承性以及多态性等。表 1-1 给出了 C++对这些概念的命名约定。

表 1-1　C++的概念及命名约定

面向对象的概念	C++的命名的约定
对象	对象
类	类
方法	成员函数
实例变量	成员
消息	函数调用
子类	派生类/子类
继承	派生/继承

C++程序设计语言在 C 语言的基础上扩充了类、内联函数、运算符重载、变量类型、引用和自由存储管理运算符等语法。我们在后面通过简单的例子来了解 C++语言的特点，在第二章、第三章再系统地学习 C++语言的语法与编程方法。

1.4　C++语言与 C 语言的关系

C 语言也诞生在 ATLT 的 Bell 实验室，1972 年由 Dennis Ritchie 在 B 语言的基础上开发出来的一个高级语言，今天 C 语言的使用已遍及计算机的各个领域。

C 语言有以下几个显著的特点：

首先，它是一种结构化语言，要求一个程序由众多的函数组成，程序的逻辑结构由顺序、选择和循环三种基本结构组成，适宜于大型程序的模块化设计。

其次，它可以部分取代汇编语言，同时具有很高的可移植性，这使得 C 语言程序在保证支持不同硬件环境的前提下，具有较高的代码效率。

再次，它提供了丰富的数据类型和运算，具有较强的数据表达能力，因而在许多不同的场合广泛应用。

总之，C 语言反映了设计者追求高效、灵活的设计思想，它支持模块化程序设计，从而支持大规模软件开发的愿望。

C++语言保留了 C 语言设计者的良好愿望，并使得 C 语言语句成为 C++语言的一个子集。一般，用 C 语言编写的程序可直接在 C++编译器下编译。

1.4.1　C++语言与 C 语言的主要区别

首先，C++提出了类（class）的概念。类是数据和函数的集合，数据用来描述类所属对象的状态，函数用来描述此类对象的行为。例如，大学生代表在大学读书的一类人，即大学生是一个类，每个具体的大学生都是这个类中的对象。大学生这个类中的数据可以是学生的姓名、性别、年龄、学校、专业、入学时间等，描述此类对象的行为可以是入学、改换专业、毕业等。

C 语言中的结构只是数据的集合，这种结构也可在 C++语言中使用。不同的是 C++语言将 C 语言中的"结构"概念扩充成近似于上述"类"的概念，即 C++语言中的结构既可以有数据，也可以有函数。

C++语言沿用了 C 语言中的结构，概念上没有变化。下列关键字是 C++语言新增的：

class，private，protected，public，this，new，delete，friend，inline，virtual，volatile。

1.4.2　C++语言与 C 语言的细小区别

为较完整地讲述 C++语言与 C 语言的关系，在此介绍它们之间的细微差别。

（1）C++语言在保留 C 语言原有注释方式的同时，增加了行注释。以"//"起始的，以换行符结束的部分是行注释。

（2）const 关键字，用这个关键字修饰的标识符为常量。它的引入可以替代 C 语言中的符号常量定义。比较下面两个语句：

```
define Number 1
const Number=1
```

它们的功能相同，但后一语句在编译时进行类型检查。

（3）说明结构、联合和枚举变量时 union 和 enum 的使用，例如：

```
/*C 语言的说明*/
struct  semployee a0, b0;
union  uemployee a1, b1;
enum  eemployee a2, b2;
//C++语言的说明
semployee a0, b0;
uemployee a1, b1;
eemployee a2, b2;
```

不必在结构类型名、联合类型名和枚举类型名前加关键字 struct，union，enum。

（4）变量的说明可以放在程序的任一位置上，例如：

```
for(int I =0; I <l00; I++)
```

（5）提供了作用域运算符"::"，当其中一个变量被一个局部变量阻挡时，运用作用域运算符仍可以操作该全局变量。

（6）标准输入输出一般不再使用 C 语言的 printf 和 scanf，而使用三个标准 I/O 流，它们是：cout（与标准输出设备相联）及 cin（与标准输入设备相联）和 cerr（与标准错误输出设备相联）。在微机上，各设备一般分别为显示器、键盘和显示器。"<<"和">>"分别是定义为流的插入和提取操作，例如：

```
cout<<"welcome";
cin>>a;
cerr<<"There is an error"
//向显示器输出"welcome"
//从键盘取得数据至 a
//在显示器上立即显示错误信息
```

自从 1983 年 AT&T 的 Bell 实验室推出了它的 C++标准之后，仅仅经历了 9～10 年，C++的应用已广泛地深入到计算机技术的各个领域，并且取得了很大的成功。面向对象的概念越来越多地被人们所应用，例如，新一代具有革命性的微机和工作站操作系统 WINDOWS NT 就大量运用了这一概念。

面对愈来愈复杂的系统，愈来愈大型的软件，面向对象的程序设计从一个新的角度使得问题空间和解题空间保持更为有效的一致性，使得计算机软件更加易于理解。作为一种成功的面向对象程序设计的语言，C++成为人们对于客观世界进行概括和准确描述的有效手段，C++使得软件开发者能方便地仿真客观世界。所以可以相信，今天的 C++正如当年的 C 语言一样，会给软件设计带来一次巨大进步，而它的应用会迅速地普及到计算机技术的各个领域，成为新的更为有效工具。

需要指出的是，C++只是作为面向对象的程序设计方法的一种实现，在当今还有其他的程序设计语言也能支持面向对象程序设计，例如面向对象的 PASCAL 语言及前面已经提到的 SMALL TALK 语言等。因为面向对象方法学的提出是程序设计的革命，很多的专家学者都在为使这种新思想的更完美实现而努力着，不仅仅是软件产生巨大的变革，计算机硬件也受到这个思想的影响而发生了变化。从对 C++语言的使用和与相似的语言比较中得到的体会，我们认为它将在面向对象的程序设计语言中成为主流。

1.5　输入/输出的认识

1.5.1　I/O 的书写格式

输入和输出并不是 C++语言的组成部分，它们是由 iostream.h 库支持的。在本节中，只介绍在开始编写程序时所必须了解的知识。输入是由终端接收信息，在标准库中用 cin、scanf( ) 表示。输出是向终端发送信息，在标准库中用 cout、printf( )表示。输出符 "<<" 用于将一个量指向标准输出。例如：

```
cout<<"The sum of 7+3="
cout<<7+3;
cout<<"\n"
```

双字符序列\n 表示换行符。当它被送向终端后，其后的信息将在屏幕的下一行从第一列开始显示。输出符 "<<" 是可以连写的，例如：

```
cout<<"The sum of 7+3="<<7+3<<"\n";
```

其中每一个输出符都将被顺序执行。为了提高程序的可读性，往往将一个紧缩了的输出语句分在几行书写。下例中的三行文本是一条输出语句。

```
cout<<"the sum of"
    <<vl<<"+"
    <<v2<<"="<<v1+v2<<"\n";
```

在程序中定义了这些变量。同样，变量也必须先声明后使用。有关变量的详细内容将在第 2 章的前一部分进行介绍。

同样，输出符由终端给出一串信息。例如，下面的程序将读入两个整数，比较其大小，并输出最大值。

程序 1-1　比较两个整数大小并输出最大值。

```
//**           LT1-1.cpp                    **
#include <iostream.h>
  void main( )
{
  int val1, val2, val;
  cout <<"请输入两个整型数: ";
  cin>>val1>>val2;
  if (val1>val2)
   val=val1;
```

```
else
  val=val2;
cout <<val<<"是最大数";
}
```

当编译并执行后，程序输出如下（假定输入的数值为 17 和 124)：

请输入两个整型数：17 124

124 是最大数

输入的两个数据 17 和 124 之间有一个空格。空格符、制表符、换行符都被 C++认为是空白符。语句：

```
cin>>val11>>val2;
```

将正确地读入这两个数据，因为输入符"＞＞"会自动地忽略掉输入中包含的空白符。

cin 和 cout 的前置声明包含在 iostream.h 中。如果程序员忘记引用 iostream.h，则编译器将在引用 cin 和 cout 的每一处产生一个类型错误。由此可见，存放前置声明是头文件的一个基本用途。

cerr 是 iostream.h 中第三个被预先定义的函数。它处理基本错误信息，用于程序执行时出现的意外情况。下面的程序片断将防止程序员进行除零操作：

```
if(v2==0)
{
cerr <<"\n error: attempt to divide by  zero";
return;
}
v3=vl/v2;
```

下面的程序将从标准设备依次输入字符，直到文件结束。它同时统计字符个数和行数。它的输出如下：

程序 1-2　输入字符并统计个数和行数

lineCount(行数) characterCount(字符数)

程序的实现如下：

```
//**            LT1-2.cpp                  **
#include <iostream.h>
void main( )
{
char ch;
int lineCnt=0, charcnt=0;
while (cin.get(ch))
{
switch(ch)
{case '\t':
case 'U': break;
case '\n': ++lineCnt; break;
default:    ++charCnt; break;
}
}
cout<<lineCnt<<" "<<charcnt<<"\n";
}
```

get( )是 iostream.h 中的一个函数，它每次读入一个字符并将其赋给参数表中的参数（本例中是 ch）。两字符序列\t 表示制表字符。

switch 语句提供了一种对量进行条件测试的方法。若所测试的量与某一 case 语句后显示给出的量相等，则执行此 case 后的语句，否则执行 default 后的语句。每当读到一个换行符时，lineCnt 值加 1，读到一个不是空白、制表及换行的字符时 charcnt 值加 1。while 语句是一种构成循环的语句。当指定条件为真时，它重复执行一组语句。在本例中，switch 语句在 get( ) 函数未碰到文件尾标志时被重复执行。

1.5.2　控制符的使用

流的默认格式输出有时不能满足特殊的要求，如：

```
double average =9.40067;
cout <<average<<end1;
```

希望显示的是 9.40，即保留两位小数，可是却显示了 9.40067，默认显示了 6 位有效位。

用控制符（manipulators）可以对 I/O 流进行控制。控制符是在头文件 iomanip.h 中定义的对象。可以直接将控制符插入流中。常见的控制符如表 1-2 所示。

表 1-2　I/O 流的常用控制符

控制符	描述
dec	置基数为 10
hex	置基数为 16
oct	置基数为 8
setfill(c)	设填充字符为 c
setprecision(n)	设显示小数位数为 n 位
setw(n)	设域宽为 n 个字符
setiosflags(ios:: fixed)	固定的浮点显示
setiosflags(ios:: scientific)	指数表示
setiosflags(ios:: left)	左对齐
setiosflags(ios:: right)	右对齐
setiosflags(ios:: skipws)	忽略前导空白
setiosflags(ios:: uppercase)	16 进制数大写输出
setiosflags(ios:: lowercase)	16 进制数小写输出

使用控制符时，要在程序开始加入文件 iomanip.h。

（1）控制浮点数值显示

使用 setprecision(n)可以控制输出流显示浮点数的数字个数。C++默认的流输出数值有效位是 6。

如果 setprecision(n)和 setiosflags(ios:: fixed)合用，可以控制小数点右边的数字个数。setiosflags(ios:: fixed)是用定点方式表示实数的。

如果与 setiosflags(ios:: scientific) 合用，可以控制指数表示法的小数位数。setiosflags(ios:: scientific)是用指数方式表示实数的。

程序 1-3　下面的代码分别用浮点数、定点数和指数的方式表示一个实数。

```
//**         LT1-3.cpp              **
#include<iostream.h>
#include <iomanip.h>
void main( )
```

```
{
double amount =22.0/7;
cout<<amount<<end1;
cout<<setprecision(0)<<amount<<end1
<<setprecision(1)<<amount<<end1
<<setprecision(2)<<amount<<end1
<<setprecision(3)<<amount<<end1
<<setprecision(4)<<amount<<end1;
cout<< setiosflags(ios:: fixed) <<end1;
cout<<setprecision(8)<<amount<<end1;
cout<< setiosflags(ios:: scientific)<<amount<<end1;
cout<<setprecision(6);
}
```

程序运行结果:

```
3.14286
3
3
3.1
3.14
3.143
3.14285714
3.14285714e+00
```

在用浮点数表示的输出中，setprecision(n)表示有效位数。

第一行输出数值之前没有设置有效位数，所以使用流的有效位数默认值 6。第二行设置了有效位数为 0，C++的最小有效位数是 1，所以作为有效位数为 1 来处理。第三到第六行按设置的有效位数输出。

在定点数表示的输出中，setprecision(n)表示小数位数。

第七行的输出是与 setiosflags(ios:: fixed)合用的。所以 setprecision(8)设置的是小数点后面的位数，而非全部数字个数。

在用指数形式输出时，setprecision(n)表示小数位数。

第八行的输出用 setiosflags(ios:: scientific)来表示指数的输出形式。其有效位沿用上次的设置值 8。

小数位数截断显示时，进行四舍五入处理。

（2）设置值的输出宽度

除了使用空格来强行控制输出间隔外，还可以用 setw(n)控制符。如果一个值需要比 set(n)确定的字符数更多的字符，则该值将使用它所需的所有字符。例如：

```
float amount=3.14159;
cout<<set(w)<<amount<<end1;
```

其运行结果为：3.14159。它并不按 4 为宽度进行输出，而是按实际宽度输出。

如果一个字符数比 setw(n)确定的字符个数更少，则在数字字符前显示空白。不同于其他控制符，setw(n)仅仅影响下一个数值输出，换句话说，使用 setw(n)设置的间隔方式并不保存其效力。例如：

```
cout <<setw(8)
    <<10
```

```
            <<20<<end1;
```

运行效果为：

```
    1020
```

运行结果，会在 1020 前面添加 6 个空格。整数 20 并没按照宽度 8 输出。setw( )的默认值为宽度 0，即 setw(0)，意思是按输出数值的表示宽度输出，所以 20 就紧挨 10 了，若要每一个数值都有宽度 8，则每一个值都要设置：

```
cout<<setw(8)<<10
    <<setw(8)<<20<<end1;
```

（3）输出八进制和十六进制数

三个常用的控制符是 hex，oct 和 dec。它们分别对应十六进制、八进制和十进制的显示。这三个控制符在 iostream.h 头文件中定义。

程序 1-4 显示数字的十六、八、十进制。

```
//**           LT1-4.cpp              **
#include <iostream.h>
void main( )
{
int number=1001;
cout<<"十进制数表示："<<dec<<number<<end1;
cout<<"十六进制数表示："<<hex<<number<<end1;
cout<<"八进制数表示："<<oct<<number<<end1;
}
```

运行结果为：

十进制数表示：1001

十六进制数表示：3e9

八进制数表示：1751

1001 是一个十进制的数，不能把它理解为十六进制或八进制，因为它不是以 0x 或 0 开头的。但在输出时，流根据控制符进行过滤，使其按一定的进制来显示。

用头文件 iomanip.h 中的 setiosflags(ios:: uppercase)可以控制十六进制数按大写输出。例如，上例中增加一个头文件，对十六进制进行大写控制，代码如下：

```
#include <iostream.h>
#include <iomanip.h>
void mian( )
{
int number=1001;
cout<<"十进制数表示："<<dec<<number<<end1;
cout<<"十六进制数表示："<<hex
    <<setiosflags(ios:: uppercase)<<number<<end1;
cout<<"八进制数表示："<<oct<<number<<end1;
}
```

运行结果为：

十进制数表示：1001

十六进制数表示：3E9

八进制数表示：1751

（4）设置填充字符

setw 可以用来确定显示的宽度。默认时，流使用空格来保证字符间的正确间隔。用 setfill 控制符可以确定一个非空格的填充符。setfill 在头文件 iomanip.h 中定义。

程序 1-5 用 setw 确定显示的宽度，setfill 确定非空格字符。

```
//**            LT1-5.cpp                **
#include <iostream.h>
#include <iomanip.h>
void main ( )
{
cout<<setfill('*')
    <<setw(2)<<21<<end1
    <<setw(3)<<21<<end1
    <<setw(4)<<21<<end1;
cout<<setfill(' ');
}
```

运行结果为：

```
21
*21
**21
```

（5）左右对齐输出

默认时，I/O 流左对齐显示内容。使用头文件 iomanip.h 中的 setiosflags(ios:: left)和(ios:: right)标志，可以控制输出对齐方式。

程序 1-6 控制输出对齐方式。

```
//**            LT1-6.cpp                **
#include <iostream.h>
#include <iomanip.h>
void main( )
{
cout<<setiosflags(ios:: right)
    <<setw(5)<<1
    <<setw(5)<<2
    <<setw(5)<<3<<end1;
cout<<setiosflags(ios:: left)
    <<setw(5)<<1
    <<setw(5)<<2
    <<setw(5)<<3<<end1
}
```

运行结果为：

```
1    2    3
1    2    3
```

（6）强制显示小数点和符号

当程序输出下面的代码时：

```
cout<<10.0/5<<end1;
```

默认的 I/O 的流会简单地输出 2，而非 2.0，因为除法的结果是精确的。当需要显示小数点时，可以用 ios:: showpoint 标志。

程序 1-7 显示输出结果的精度。

```
//**              LT1-7.cpp                    **
#include <iostream.h>
#include <iomanip.h>
void mian( )
{
cout<<10.0/5<<end1;
cout<<setiosflags(ios:: showpoint)
<<10.0/5<<end1;
}
```

运行结果为：

```
2
2.00000
```

默认时，I/O 流仅在负数之前显示符号，根据程序的用途，有时也需要在正数之前加上正号，可以使用 ios:: showpos 来标识。

程序 1-8 I/O 流正负符号的显示。

```
//**              LT1-8.cpp                    **
#include <iostream.h>
#include <iomanip.h>
void main( )
{
cout<<10<<"   "<<-20<<end1;
cout<<setiosflags(ios:: showpos)<<10<<"   "<<-20<<end1;
}
```

运行结果为：

```
0     -20
+10   -20
```

1.6 堆内存分配（动态数组与指针）

1.6.1 堆内存

堆内存是内存空间。堆是区别于栈区间、全局数据区和代码区的另一个内存区域。堆允许程序在运行时（而不是在编译时），申请某个大小的内存空间。

在通常情况下，一旦定义了一个数组，那么不管这个数组是局部的（在栈中分配）还是全局的（在全局数据区分配），它的大小在程序编译时是已知的，因为必须用一个常数对数组的大小进行声明：

```
int I=10;
//……
int a[I];        //error: 定义时不允许数组的元素个数为变量
int b[20];       //ok
```

但是，在编写程序时不是总能知道数组应该定义成多大，如果定义数组元素多了就会浪费内存空间，更何况有时根本不知道需要使用多少个数组。因此，需要在程序运行时从系统中获取内存。

程序在编译和连接时不予确定这种在运行中获得的内存空间，这种内存环境随着程序运行的进展而时大时小，这种内存就是堆内存，所以堆内存是动态的。堆内存也称动态内存。

（1）获得堆内存

函数 malloc( ) 是 C 语言程序获得堆内存的一种方法，它在 alloc.h 头函数中声明。malloc( ) 函数的原型为：

```
void * malloc( size_t size);
size_t 即是 unsigned long 。
```

该函数从堆内存中"切下一块"size 大小的内存空间，将指向该内存的地址返回。该内存中的内容是未知的。

例如，下面的程序是从堆中获取一个整型数组，赋值并打印：

```
#include <iostream.h>
#include <alloc.h>
void main ( )
{
int arraysize;                          //元素的个数
int *array;
cout <<"please input a number of array: "<<"\n";
cin>>arraysize;
array=(int *)malloc(arraysize * sizeof(int));   //堆内存分配
for (int count=0; cout<arraysize; cout++)
array[count]=count*2;
for (int count=0; count<arraysize; count++)
cout<<array[count]<<"  ";
cout<<end1;
}
```

运行结果为：

```
please input a number of array:
10
0 2 4 6 8 10 12 14 16 18
```

程序编译和连接时，在栈中分配了 arraysize 整型变量和 array 整型指针变量空间。程序运行中，调用函数 malloc( ) 并以键盘输入的整数作为参数。malloc ( ) 函数在堆中寻找未被使用的空间，找够所需的字节数后返回该内存的起始地址。因为 malloc( ) 函数并不知道用这些内存干什么，所以它返回一个没有类型的指针。但对于整型指针 array 来说，malloc( ) 函数的返回值必须显式转换成整型类型的指针才能被接受。

一个拥有内存的指针完全可以被看作一个数组，而且位于堆中的数组和位于栈中的数组结构是一样的。表达式"array[count]=count*2；"正是这样应用的。

上例并不保证一定可以从堆中获取所需的内存。有时，系统能够提供的堆空间不够分配，这时系统回返回一个空指针值 NULL。这时所有对该指针的访问都是破坏性的，因此调用 malloc( ) 函数更完善的代码应该是如下所示：

```
if (array=(int*) malloc(arraysize*sizeof(int)) = =NULL)
{
cout<<"can't allocate more memory , terminating.\n";
exit (1);
}
```

（2）释放内存空间

我们把堆看作是可以按要求进行分配的资源或内存池。程序对内存的需求量随时会增大或缩小。程序可能在运行中经常会不再需要由 malloc( )函数分配的空间，而且程序还没有运行结束，这时就需要把先前所占有的空间释放回堆以便供程序的其他部分使用。

函数 free( )返回还有 malloc( )函数分配的堆内存，其函数的原型为：

void free(void *);

free( )参数是先前调用 malloc( )函数返回的地址。把其他的值传递给 free( )很可能会造成灾难性的后果。

例如，下面的程序是完善上面程序的例子：

```cpp
#include <iostream.h>
#include <alloc.h>
void main ( )
{
int arraysize;              //元素的个数
int *array;
cout <<"please input a number of array: "<<"\n";
cin>>arraysize;
if (array=(int*) malloc(arraysize*sizeof(int)) = =NULL)
{
cout<<"can't allocate more memory , terminating.\n";
exit (1);
}
for (int count=0; cout<arraysize; cout++)
array[count]=count*2;
for (int count=0; count<arraysize; count++)
cout<<array[count]<<"  ";
cout <<end1;
free(array);              //释放堆内存
}
```

程序运行结果为：

```
please input a number of array:
10
0  2  4  6  8  10  12  14  16  18
```

1.6.2 new 和 delete

new 和 delete 是 C++语言专有的运算符，它们不用头文件声明。new 类似于函数 malloc( )，分配堆内存，但比 malloc( )更精练。new 的操作数是数据类型，它可以带初始化值表或单元个数。new 返回一个具有操作数的数据类型的指针。

返回 delete 类似于函数 free( )，释放堆内存。delete 的操作数是 new 返回的指针，当返回的是 new 分配的数组时，应该带[ ]。

例如，上面程序的新版：

```cpp
#include <iostream.h>
//#include <alloc.h>        //无须头文件
void main( )
```

```
{
    int arraysize;              //元素的个数
    int *array;
    cout <<"please input a number of array: "<<"\n";
    cin>>arraysize;
    if (array=new int [arraysize])= =NULL)      //分配堆内存
    {
        cout<<"can't allocate more memory , terminating.\n";
        exit (1);
    }
    for (int count=0; cout<arraysize; cout++)
    array[count]=count*2;
    for (int count=0; count<arraysize; count++)
    cout<<array[count]<<"  ";
    cout <<end1;
    delete[array];
}
```

程序运行结果为:

```
please input a number of array:
10
0  2  4  6  8  10  12  14  16  18
```

上例中可以看出, new 的返回值无须进行显式转换类型, 直接赋给整数指针 array。new 的操作数是 int[arraysize], 它只要指明什么类型和几个元素就可以了, 它比函数 malloc( )更简捷。事实上, new 和 delete 比函数 malloc( )和 free( )具有更丰富的功能。我们在后面的章节将进一步展开介绍 new 和 delete 的其他功能。

1.7　const 指针

下面为涉及指针定义和操作的语句:

```
int a=1;
int *pi;
pi=&a;
*pi=58;
```

可以看出, 一个指针涉及两个变量: 指针变量 pi 和指向的变量 a。修改这两个变量的对应操作为: "pi=&a; *pi=58;"。

(1) 指向常量的指针

在指针定义语句的类型前加 const, 表示指向的对象是常量。例如:

```
const int a=78;
const int b=28;
int c=18;
const int *pi=&a;          //指针类型前加 const
*pi=58;                     //error: 不能修改指针指向的常量
pi=&b;                      //ok: 指针值可以修改
*pi=68;                     //error:
```

```
pi=&c;                    //ok
*pi=98;                   //error
c=98;                     //ok
```

a 是常量，将 a 的地址赋给指向常量的指针 pi，使 a 的不可修改性有了保证。如果试图修改 a，则会引起"不能修改常量对象"的编译错误。

可以将另一个常量地址赋给指针"pi=&b;"（指针值可以不修改），这时，仍不能进行"*pi=68"的赋值操作，从而保护了本指向常量不被修改。定义指向常量的指针只限制指针的间接访问操作，而不能规定指针指向的值本身的操作。例如，变量 c 可以改变，这在函数参数传递中经常被使用。

例如，下面的程序将两个一样大小的数组传递给一个函数，让其完成字符串的复制工作，为了防止作为源数据的数组遭到破坏，定义该形参为常量字符串。

程序 1-9　字符串复制工作。

```
//**          LT1-9.cpp                    **
#include <iostream.h>
void mystring(char *dest, const char *source)
{
while(*dest++=*source++);
}
void main( )
{
char a[20]="how are you";
char b[20];
mystring(b, a);
cout<<b<<end1;
}
```

运行结果为：

```
how are you
```

变量字符串 a 传递给函数 mystring( ) 中的 source，使之成为常量，不允许进行任何修改。但在主函数中，a 却是一个普通数组，没有任何约束，可以被修改。

由于数组 a 不能直接赋值给 b，所以通过一个函数实现将数组 a 的内容复制给数组 b。

函数 mystring( ) 中的循环语句的循环体是一个空语句，条件表达式是一个赋值语句。随着一个赋值动作，便将一个 a 数组中的字符赋给了 b 数组中的对应元素，同时两个数组参数都进行增量操作以指向下一个元素。只要所赋的字符值不是 '\0'，循环就一直进行下去。

指针常量定义"const int pi=&a;"告诉编译，*pi 是常量，不能将*pi 作为左值进行操作。

（2）指针常量

在指针定义语句的指针名前面加 const，表示指针本身是常量。例如：

```
char * const pc="asdf";    //表示定义一个指针常量
pc="degf";                 //error: 指针常量不能改变其指针值
*pc='b';                   //ok: pc 的内容是 "bsdf"
*(pc+1)='c';               //ok: pc 内容是 "bcdf"
*pc++='y';                 //error: 指针常量不能改变其指针值
const int b=28;
int *const pi=&b;          //error: 不能将 const int *转换为 int *
```

pc 是指针常量，在定义指针常量时必须初始化，就像常量初始化一样。这里初始化的值是字符串常量的地址。

pc 是指针常量，所以不能修改该指针值。pc="dfgh"；将引起一个"不能修改常量对象"的编译错误。

pc 所指向的地址中存放的值并不受指针常量的约束，即*pc 不是常量，所以"*pc='b';"和"*(pc+1)='c';"的赋值操作是允许的。但"*pc++='y';"是不允许的，因为该操作修改*pc的同时也修改了指针值。

由于此处*pc 是不受约束的，所以，一个常量的地址赋给该指针"int *const pi=&b;"是非法的，它将导致一个不能将 const int *转换成 int 的编译错误，因为那样将使修改常量（如：*pc=38）合法化。

定义"int * const pc=&b;"告诉编译，pc 是常量，不能作为左值进行操作，但是允许修改间接访问值，即*pc 可以修改。

（3）指向常量的指针常量

可以定义一个指向常量的指针常量，它必须在定义时进行初始化。例如：

```
const int ci=7;
int ai;
const int *const cpc=&ci;      //指向常量的指针常量
const int * const cpi=&ai;     //ok
cpi=&ai;                       //error：指针值不能修改
*cpi=39;                       //error：不能修改所指向的对象
ai=39;                         //ok
```

cpc 和 cpi 都是指向常量的指针常量，它们既不允许修改指针值，也不允许修改*cpc 的值。

如果初始化的值是变量地址（如：&ai），那么不能通过该指针来修改该变量的值。即"*cpi=39；"是错误的，将引起"不能修改常量对象的编译错误"。但"ai=39；"是合法的。定义"const int * const cpc=&b；"告诉编译，cpc 和*cpc 都是常量，它们都不能作为左值进行操作。

习　题　1

1. 写出下面 C++程序的运行结果，然后按照 1.6 节和 1.7 节的方法，上机调试这段程序，并验证你的结果。

```
//exer 1-1.cpp
#include  <iostream.h>
class  birthday
{
public:
int year;
int month;
int day;
void setup(int pyear, int pmonth, int pday)
{
year=pyear;
month=pmonth;
day=pday;
```

```
                                    }
void  output( )
{cout<<"生日为(年，月，日)：";
cout<<year<<".";
cout<<month<<".";
cout<<day<<"\n";
}
void main( )
{Birthday theBirthday;
theBirthday.setup(1988, 1, 12);
theBirthday.output( )
}
```

2．请将下列各十进制整数用八进制和十六进制整数表示：

① 450　　　　② -35　　　　③ 25675　　　　④ -35356

3．指出下列常量的类型：

① 234　　　　② 35245u　　③ 2.

④ 46L　　　　⑤ 8L　　　　⑥ 0.

4．指出下列字符串中哪些是合法标识符：

file，-eorr，24fun，for，f81-13，1000，publiic

5．写出下列表达式的值：

① 2＜5&&5＜10　　　　　　　② ^(45＞67)

6．已知 x=4，y=2，z=1，求下列表达式的值：

① x>y &&y<z　　　　　② x>>y　　　　　③ x<y| |3

④ x %y ?y: z　　　　　⑤ x +y %z* z　　　⑥ (float) (x +y) /2+z

⑦ !x | |x　　　　　　　⑧ x |x　　　　　　⑨ x<<2

⑩ x+=x %y +z　　　　(U)x%=(y+z)/y

7．编写一个程序，给定前后两个时刻的时、分、秒，并求这两个时刻的时间差（以秒为单位）。

8．修改第 7 题程序，给各变量取适当的名字，注意程序的书写格式和注释，使程序具有良好的可读性。

9．写出以下 C++表达式的值：

```
int e=1, f=4, g=2;
float m=10.5, n=4.0, k;
k=(e +f)/g + sqrt ((double)n)*1.2/g+m;
float x=2.5, y=4.7;
int a=7;
x+a%3*(int)(x +y)%2/4;
int a , b;
a=2, b=5, a++, b++, a+b;
```

10．计算下面算术表达式的值，然后为它们编写计算程序，并通过上机调试来验证你的结果：

```
a%3*sizeof (int)%5/7+b
(float)(a+b)/2
设 a=3, b=5
```

11．写出下面程序的运行结果：

```
① #include <iostream.h>
void main( )
{
int i, j, x, y;
i=5;
j=10;
x=++i;
y=j++;
cout<<"计算结果"<<"\n";
cout<<"i="<<i<<"\n";
cout<<"j="<<j<<"\n";
cout<<"x="<<x<<"\n";
cout<<"y="<<y<<"\n";
}
② #include <iostream.h>
void main( )
{
int a1, a2;
int i=5, j=7, k=0;
a1=!k;
a2=i!=j;
cout <<"a1"<<a1<<"\t"
<<"a2"<<a2<<end1;
}
③ #include <iostream.h>
void main( )
{int x, y, z;
x=1;
y=1;
; z=1;
x=x | |y && z;
cout<<x<<", "<<(x&&!y||z)<<end1;
}
④ #include <iostream.h>
#include <math>
void main( )
{
double radius , height;
cout <<"请输入圆的半径和高"<<"\n";
cin>>radius >>height;
double volume=radius*radius*height*M_PI;
cout<<volume<<end1;
cout<<"请输入球的半径："<<"\n";
cin>>radius;
double areaofsphere=4*radius*radius*M_PI;
```

```
cout<< areaofsphere<<end1;
double length，width;
cout<<"请输入长方形的长、宽、高："<<"\n";
cin>>length>>width>>height;
volume=length*width*height;
cout<<volume<<end1;
}
⑤ #include <iostream.h>
#include <math.h>
void main( )
{
cout<< precision(5);        //5 位有效数字
cout <<"    x      logx      lnx"<<"\n";
for (int x=90；x<=100；x++)
{
cout<<width(10);
cout<<x;
cout<<width(10);
cout<<log10(x);
cout<<width(10);
cout<<log(x)<<end1;
}
}
⑥ #include <iostream.h>
void main( )
{
int a，b，result;
cout <<"please input two numbers: "<<"\n";
cin>>a>>b;
result=3*a-2*b+1;
cout<<"result is"<<result<<end1;
}
```

第2章 类和对象

类是 C++实现面向对象程序设计的基础。类是 C++封装的基本元素，它把数据和函数封装在一起。这一章我们将重点介绍在 C++中定义类和建立对象的方法。虽然同类的对象在其数据成员的取值方面是不相同的，但却可以共用相同的代码。类是对同类对象的描述，它不但描述了对象之间的公有接口，同时也给出了对象的内部实现（数据结构和函数）。

2.1 定义类

C++语言的类就是一种用户自己定义的数据类型，和其他数据类型不同的是，组成这种类型的不仅可以有数据，而且还可以有对数据进行操作的函数，它们分别称为类的数据成员和类的函数成员。后面我们将会看到，正是由于类拥有这两类成员，才使数据封装等思想得以实现。

C++规定，任何数据类型都必须先定义后使用，类也不例外。

（1）说明类

类是对一组性质相同对象的程序描述。在 C++中说明类的一般形式为：

```
class 类名{
    private:
        私有数据和函数
    public:
        公有数据和函数
    protected:
        保护数据和函数
    };
```

类说明以关键字 class 开始，其后跟类名，类名必须是一个有效的 C++标识符。类所说明的内容用花括号括起来，右花括号后的分号作为类说明语句的结束标志。这一对花括号"{ }"之间的内容称为类体。

类中定义的数据和函数称为这个类的成员(数据成员和函数成员)。类成员均具有一个属性，叫作访问权限，通过它前面的关键字来定义。顾名思义，关键字 private、public 和 protected

以后的成员的访问权限分别是私有、公有和保护的，我们就把这些成员分别叫作私有成员、公有成员和保护成员。访问权限用于控制对象的某个成员在程序中的可访问性，如果没有使用关键字，则所有成员缺省定义为 private 权限。这些关键字的声明顺序和次数也都是任意的。

下面两个程序都说明了一个描述位置的 location 类，并且各成员的访问权限也一样。

```
//**          location 类                    **
//  描述位置的 location 类
class location {
private:
    int  X, Y;
public:
  void init(int initX , int initY);
  int GetX( );
  int GetY( );
};
```

其中，数据成员 X 和 Y 是私有成员，成员函数 init( )、GetX( )和 GetY( )是公有成员。

```
//**          location 类                    **
//    使用默认关键字及改变关键字顺序和次数的 location 类
class location{
    int X;
  public:
    void init(int init X, int init Y);
  private:
    int Y;
  public:
    int GetX( );
    int GetY( );
};
```

在类中，可以像在 C++程序中说明普通变量那样说明类中的数据成员，数据成员可以具有任何数据类型。不能在类说明中对数据成员使用表达式进行初始化。

程序 2-1　错误的表达式进行初始化。

```
//**          LT2-1.cpp                     **
class location{
  private:
    int X=25, Y;    //错误的表达方式
  //
    };
```

在类中说明的任何成员不能使用 extern、auto 和 register 关键字进行修饰，类中声明的变量属于该类，在某些情况下，变量可以被该类的不同实例所共享。一个类变量和函数的标识符必须保证不与其他类的标识符冲突，类是具有唯一标识符的实体。

（2）类标识符

类标识符遵循其他类型名或变量名的规定。C++中没有限定标识符的长度，但不同的编译系统有自己的规定。例如，Borland C++中规定最大长度为 32 个字符。Borland 类中采用的传统方法是以大写字母开头的名称表示类的。

声明同一个名字的两个类是错误的，不论声明的内容是否相同。

（3）类体

如前所述，一个类所说明的数据成员描述了对象的内部数据结构，类中说明的成员函数则用来对数据成员的数据进行操作。例如，Location 类的成员函数 init( ) 用于为该类的对象设置初始值，而当调用成员函数 GetX( )或 GetY( )时，它们分别返回一个对象的数据成员 X 或 Y 的值。在类中只对这些成员函数进行了函数说明，还必须在程序中定义这些成员函数的实现。定义成员函数的一般形式为：

返回类型　类名::成员函数名(参数说明)

{

类体

}

其中::是作用域运算符，"类名::"用于表明其后的成员函数名是在"类名"中说明的。在"类体"中可以直接访问类中说明的成员，以描述该成员函数对它们所进行的操作。

程序 2-2　Location 类的各成员函数的实现方法。

```
//**           LT2-2.cpp                      **
// 2-2  Location 类的各成员函数的实现方法
void Location ::init(int initX,  int initY )
{
  X=initX;
  Y=initY;
}
int Location ::GetX( )
{
return X;
}
int Location ::GetY( )
{
return Y;
}
```

使用 class 定义的类称作用户定义的数据类型，类名是这个类型的名字。一个用户定义的类的类型和 C++预定义的类型有相似之处，即都定义了值域（类中的数据成员取值范围）和操作（类中的成员函数名）对数据成员的访问是通过这些操作来进行的。

2.2　使用类和对象

（1）对象说明

类是用户定义的一种类型，程序员可以使用这个类型的类型名在程序中说明变量具有该类的类型的变量被称为对象。例如：Location A1，A2；

这条说明语句说明了对象 A1 和 A2，其类型为 Location。

在程序运行时，通过为对象分配内存来创建对象。在创建对象时，使用类作为样板，故称对象为类的实例。表 2-1 给出了 Location 的两个实例 A1 和 A2 的示意说明。

表 2-1　类 Location 的两个实例 A1 和 A2

对象 A1		对象 A2	
A1.X	5	A2.X	6
A1.Y	3	A2.Y	8
A1.init( )	代码	A2.init( )	代码
A1.GetX( )	代码	A2.GetX( )	代码
A1.GetY( )	代码	A2.GetY( )	代码

每个对象占据内存中的不同区域，它们所保存的数据不同，但操作数据的代码均是一样的。为节省内存，在建立对象时，只分配用于保存数据的内存，代码为每个对象共享。类中定义的代码被放在计算机内存的一个公用区中供该类的所有对象共享。这只是 C++编译器实现对象的一种方法，我们仍要将对象理解为是由数据和代码组成的。

下面是使用类 Location 的程序，在这个程序中说明了对象 A1 和 A2。在程序运行中，对象 A1 和 A2 的数据成员 X 和 Y 的取值(称为对象 A1 和 A2 的状态)如表 2-1 所示。

程序 2-3　使用类 Location 的实例。

```
//**          LT2-3.cpp                    **
//2-3 使用类 Location 的程序实例。
#include <iostream.h>
void main( )
{
  Location A1, A2;
  A1.init(5, 3);            //对象 A1 的数据成员 X 和 Y 使分别置为 5 和 3
  A2.init(6, 8);            //对象 A2 的数据成员 X 和 Y 被分别置为 6 和 8
  int   x=A1.GetX( );       //将对象 A1 的数据成员 X 的值置给变量 x
  int   y=A1. GetY( );      //将对象 A1 的数据成员 Y 的值置给变量 y
  //...
  cout <<x<<" "<<y<<endl;
  cout<<A2. GetX( )<<" "<<A2.GetY( )<<endl;
}
```

成员选择运算符"."用于访问一个对象的成员。例如，为访问对象 A1 的成员 GetX( ) 使用如下表达式：

```
A1 .GetX( );
```

它表示调用对象 A1 的成员函数 GetX( )或者说对象 A1 接受函数调用 GetX( )。该表达式的类型是在类说明中为成员函数 GetX( )指定的返回类型，即 int。一个对象的成员函数被调用时，实现该成员函数的代码被执行，该成员函数的代码所引用的类中的成员函数是该对象中的成员。例如，在上面的程序中，当执行语句：

```
A1 .init(5, 3);
```

时，成员函数 init( )将对象 A1 的数据成员 X 和 Y 分别置为 5 和 3。

成员访问运算符"-〉"用于访问一个指针所指向的一个对象的成员。

程序 2-4　一个指针所指向的一个对象的成员的例子。

```
//**          LT2-4.cpp                    **
// 2-4 访问一个指针所指向的一个对象的成员
#include <iostream.h>
void main( )
```

```
{
Location A1;
A1.init(5, 3);
Location *pA1;
pA1=&A1;
int x=pA1 —> GetX( );
int y=pA1—> GetY( );
cout<<"x="<<"  "<<"y="<<y<<end1;
cout<<"A1.X="<<A1.GetX( )<<"  "<<A1.Y=<<A1.GetY( )<<end1;
}
```

程序输出如下：

```
x=5      y=3
A1.X=5  A1.Y=3
```

程序中语句：

```
Location  *pA1;
```

说明了一个指向 Location 类型的对象的指针，可使用运算符&将对象 A1 的地址置给该指针。还可以使用引用的方法，即使用成员选择运算符"."来访问所引用的对象的成员，例如：

```
#include <iostream.h>
void main( )
{
Location A1;
A1.init(5, 3);
Location &rA=A1;          //说明引用
int x=rA.GetX( );          //x=5
int y=rA.GetY( );          //y=3
cout<<x<<"  "<<y<<end1;
}
```

当说明引用时，必须使用同类型的对象来初始化该引用。

（2）数据封装

在 C++中，数据封装是通过类来实现的。在类中，指定了各成员的访问权限。在类说明中，由关键字 private 说明的成员是私有的，只有该类的成员函数(或后面介绍的友元)可以访问；由关键字 public 说明的成员是公有的，谁都可以访问。例如，对于 Location 类，在主函数 main( )中使用下列语句是非法的，因为它试图访问对象的私有成员。

```
x=A1 .X;           //错，不能访问对象的私有成员
y=A1.Y;            //错
```

同样，如果在程序中试图通过指向对象的指针 pA1 访问所指向的对象的私有成员 X，也是非法的。

```
int x=pA1—>X;  //错
```

一般情况下，我们将数据成员说明为私有的，以便隐藏数据；而将部分成员函数说明为公有的，用于提供外界和这个类的对象相互作用的接口（界面），从而使得其他函数 [例如：函数 main( )]也可以访问和处理该类的对象。对于那些仅是为支持公有函数的实现而不作为对象界面的成员函数，我们也将它们说明为私有的。公有的成员函数是外界所能观察到（或访问到）的对象界面，它们所表达的功能构成对象的功能，使同一个对象的功能能够在不同的软件系统中保持不变。这样，当数据结构以后发生变化时，我们只需要修改少量的代码（类

的成员函数的实现代码）就可以保证对象的功能不变。只要对象的功能保持不变，则公有的成员函数所形成的接口就不会发生变化。这样对对象的内部实现所做的修改就不会影响使用该对象的软件系统。这就是面向对象程序设计使用数据封装为程序员的程序开发活动所带来的益处。

由此可见，在传统的 C 程序设计风格中，数据保存在数据结构中，然后生成函数来操作这些数据。最后将此结构和函数放进源文件，单独编译，作为模块。这个方法的缺点是:即使该结构和函数是放在一起使用的，仍然可以不通过使用函数就能直接存取数据。C++使用封装的方法较好地解决了这个问题。

数据封装就是使用类将数据和操作这些数据的代码连接在一起。在 C++中，封装可以由 struct、union 和 class 等关键字来提供，这些关键字能将数据和函数组成一个类，其中数据项叫作数据成员，而函数叫作成员函数。在上面的例子中，通过定义这个 Location 类，就不能再从对象外部直接存取对象属性，而只有对象行为 init、GetX 和 GetY 可以操作数据。对象的行为只有向对象发送消息才能引用，通过这种方式定义一个对象，对象的实现细节对外部来说是不可见的，也是不可存取的，这就是封装性。它有利于模块化程序设计以及代码的可维护性和可重用性。

要在函数中使用给定类的对象，必须能存取成员数据、成员函数或两者。为了使这些成员在整个函数内可以存取，必须在类声明中声明 public 部分。

在 public 部分定义的内容允许被其他对象无限制地存取。通常可以有限制地使用 public 成员存取 private 数据、调用 private 成员函数完成工作。类界面的设置完全由程序员负责。

下面的例子是使用类设计模拟数字式时钟的程序。我们将类 Clock 的说明、它的成员函数的定义以及使用类 Clock 的程序分别放在三个文件中。

程序 2-5　使用类设计模拟数字式时钟的程序。

```
//**            LT2-5.cpp                    **
// 2-5 使用类设计模拟数字式时钟的程序
//clock.h
class Clock{
    private:
      int  hour , minute , second;
    public:
      void   init( );
      void update( );
      void display;
}
//类 Clock 的实现文件
//clock.cpp
#include <iostream.h>
#include "clock.h "
void Clock ::init( )
{
hour=minute=second=0;
}
void Clock ::update( )
{
  second++;
```

```
if(second==60)
{second=0;
minute++;
}
if(minute==60)
{
minute=0;
hour++;
}
if(hour==24)
hour=0;
}
void Clock ::display( )
{
cout<<hour<<":"<<minute<<":"<<second<<end1;
}
//使用 Clock 类的程序
//主程序
void main( )
{
Clock clockA, clockB;
cout<<"clockA:"<<end1;
clockA .init( );
for(I=0; I<10; I++)
{
clockA.update;
clockA.display;
}
cout<<"clockB:"<<end1;
clockB.init( );
for(I=0; I<10; I++)
{clockB.update( );
clockB.display( );
}
}
```

头文件 clock.h 是使用 Clock 类的接口，当一个程序文件要使用 Clock 类时，必须包含这个头文件。因此，一个头文件也应该对文件中所定义的类进行很好的注释说明，以帮助用户使用这个类。

从这个程序中可看到使用类进行程序设计具有如下益处。

① 函数 main( ) 能使用对象 clockA 和 clockB，但不能访问对象内部私有的数据和函数，这就可以使得对 Clock 类所做的修改（例如，使用一个数组来表示时、分和秒不对使用这个类的函数 main( ) 产生影响）。

② Clock 类中不但说明了数据，也说明了可对数据进行的操作，在类定义之外不能再为这些数据定义操作，这使得 Clock 类的对象功能更加明确。

③ 只要定义了类，就可以建立多个对象，并且这些对象之间不会相互干扰。

④ 在这个程序中，类的定义、实现和这个类的使用均放在不同的文件模块中，各模块之间只能通过公有成员函数发生联系，这使模块之间的依赖性减少到最小。

2.3　内联的成员函数

可以在进行类定义时给出成员函数的实现，这时成员函数是内联函数。例如：

```
class Location{
private:
int X, Y;
public:
void init (int initX, int initY)
{
X=initX;
Y=initY;
}
int GetX( ){ return X; }
int GetY( ){ return Y; }
};
```

使成员函数成为内联的另一种方法是在类中仅给出函数说明，在类定义之外使用 inline 关键字给出成员函数的实现。例如：

```
class Location{
private:
int X, Y;
public:
void init (int initX, int initY);
int GetX( );
int GetY( );
};
inline void Location :: init(int initX, int initY)
{
X=initX;
Y=initY;
}
inline int Location :: GetX( )
{
return X;
}
inline int Location :: GetY( )
{
return Y;
}
```

考虑到程序的运行效率，简单的成员函数一般用内联函数来实现。

由于一个类的公有成员提供了一个类的接口（界面），有时 C++程序员也喜欢将公有函数放在类定义的前面，而将私有成员放在类的定义的后面，这样可以在阅读时首先了解这个类的界面。

程序 2-6 私有成员在类的定义后面。

```
//**              LT2-6.cpp                    **
//2-6 将私有成员放在类的定义的后面的例子
class Location{
public:
void init(int initX , int initY)
{
X=initX;
Y=initY;
}
int GetX( ){return X; }
int GetY( ){return Y; }
private:
int X, Y;
};
```

虽然在这个类说明中使用了内联函数，使得数据成员和成员函数 init( )、GetX( )和 GetY( )对它们使用之后进行说明，即"使用在前，说明在后"，这在类中是允许的，因为 C++编译器先扫描类的成员说明，最后才处理内联成员函数的代码体。

2.4　成员函数的重载及其缺省参数

我们在类中可以说明重载函数及带有缺省参数的函数。重载函数的名字相同，但参数的类型却是不同的。函数也可以带有缺省参数。例如：

```
void valueX(int);          //带参数的重载函数
int valueX( );             //带有缺省参数的重载函数
void init(int=0, int=0)    //带有缺省参数的函数
```

void valueX(int)和 int valueX( )函数的名字相同，但处理的数据类型不同。只要提供各种不同类型的函数编译器就可以从参数类型判断出该调用哪个函数。带有缺省参数的函数提供了灵活的使用方法。例如：

```
#include <iostream.h>
class Location {
private:
  int X, Y;
public:
  vod init(int=0, int=0);   //带缺省参数的成员函数
  void  valueX(in){X=val; }
  int  valueX( ){return X; }
  void valueY(int){Y=val; }
  int valueY( ){return Y; }
};
void Location :: init (int initX, int initY)
{
X=initX;
```

```
Y=initY;
}
void main( )
{
Location  A，B；
A.init( )；                      //缺省参数置对象 A 的数据成员 X 和 Y 为 0
A.valueX(5)；                    //重载置对象 A 的数据成员 X 为 5
cout<<A.valueX( )<<end1<<A.valueY( )<<end1；
B.init(6，2)；                   //重载置对象 B 的数据成员 X 和 Y 为 6 和 2
B.valueY(4) ；                   //重载置对象 B 的数据成员 Y 为 5
cout<<B.valueX( )<<end1<<B.value( )<<end1；
}
```

类中重载函数和带缺省参数的函数的说明和使用与之前介绍的普通函数类似。函数 init 在给定参数调用的情况下，将一个对象的数据成员 X 或 Y 置为缺省值 0，重载的成员函数 valueX( ) 或 valueY( ) 在带参数调用情况下，分别将一个对象的成员 X 或 Y 置为参数所指定的值，而在未带参数调用时，分别返回对象的成员 X 或 Y 的值。

2.5　this 指针

我们一直把 Location 类的成员函数 init 定义为：
```
void Location ::init(int initX, int initY)
{
X=initX;
Y=initY;
}
```
我们知道，类的函数成员可以访问该类某一对象的各个成员。当执行语句
```
Location a1, a2
a1.init(3, 5);
```
时，al.x 和 al.y 就被赋值了。但是，函数 init( ) 作为代码，在计算机里是和共体的对象分开存储的。那么，它是如何知道是要对 "a1" 进行操作而不是对 a2 进行操作呢？

当调用成员函数 init( ) 时，该成员函数的 this 指针指向对象 al。成员函数中对 X 和 Y 的引用表示是引用对象 al 的成员 X 和 Y。C++编译器所认识的成员函数 init( ) 的定义形式为：
```
void location ::init(int initX , int initY)
{
    this—>X =initX;
    this—>Y=initY;
}
```
即对于该成员函数中访问的任何类成员，C++编译器都认为是访问 this 指针所指向的对象中的成员。由于不同的对象调用成员函数 init( ) 时，this 指针指向不同的对象，因此成员函数 init( ) 可以为不同对象的 X 和 Y 置初值。使用 this 指针保证了每个对象可以拥有不同的数据成员，但处理这些数据成员的代码可以被所有的对象共享。

由此可见，C++规定，当一个成员函数被调用时，系统自动向它传递一个隐含的参数，该参数是一个指向接受该函数调用的对象的指针，从而使成员函数知道该对哪个对象进行操

作。在程序中，我们可以使用关键字 this 来引用该指针，因此称这个指针为 this 指针，它是 C++实现封装的一种机制，它将对象和该对象调用的成员函数连接在一起，在外部看来，每一个对象都拥有自己的函数成员。

一般情况下并不写 this，而是让系统进行缺省设置。它的典型用法是在运算符重载和数据结构等场合中使用。

2.6 结构和联合

可以使用结构和联合来定义类。

（1）使用结构定义类

结构是类的一种特例，其中成员在缺省情况下是公有的。尽管 C++允许在结构中定义成员函数，但它本身更适合建立无相关的函数的数据结构，例如，处理职工记录和日期这样的数据结构。下面是使用关键字 struct 定义的 Location 类。

```
//**        struct 定义的 Location 类                **
#include <iostream.h>
struct Location{
  private:
    int X, Y;
  public:
    void init(int=0, int=0);
    int GetX( );
    int GetY( );
};
void Location :: init(int initX, int initY)
{
X=initX;
Y=initY;
}
int Location :: GetX( ){return X; }
int Location ::GetY( ){return Y; }
void main( )
{
Location   Alocation;
Alocation.init(5, 2);
cout<<Alocation.GetX( )<<end1<<Alocation.GetY( )<<end1;
}
```

（2）使用联合定义类

联合是以关键字 union 来定义的，成员缺省为公有并且在某个给定时间，只出现一个成员。

联合使若干数据成员使用同一地址，这种性质可以用来节省一个对象占据的内存大小。例如，一个对象在某一段时间内保存一个 int 类型的值，而在另一个时间内又保存 float 类型的值，但它不会在同一时间拥有这两种值。联合占据的内存是联合中占内存最大的数据成员所占用的内存。在这种情况下，联合占用的内存是 float 类型所需要的内存，它的大小为 4 个字节。

我们可以直接在类中使用无名联合，例如：

```
class CU{
  union{
  int ivalue;
  float fvalue; }
......
  };
```

在关键字 union 后面没有给出联合名，这是一个无名联合说明，它说明 ivalue 和 fvalue 共享同一个内存，无名联合中说明的数据项名字可以被直接存取。

无名联合不仅可以用于说明类中的数据成员，而且可用于程序中需要共享数据项的其他地方，例如在函数作用域中，或在文件作用域中。但无名联合不能有成员函数，因为无名联合中成员的作用域在联合之外。

我们目前介绍的类都是与其他无关的单一的类。如果能通过这些已有的类来建立新类，则新建立的类叫作"派生类"，而原来的类称为"基类"。这些将在第八章详细介绍，目前只是强调如下问题：

联合既不能用作任何类的基类，也不能从任何类中派生出联合，因为联合在特定的时刻只有一个数据成员处于"激活"状态。因此，在联合中也不能说明虚函数。

2.7 有关类的其他知识

2.7.1 类作用域

说明类时所使用的一对花括号形成所谓的类作用域。在类作用域中说明的标识符只在类中可见。例如：

```
struct example{
int num;
float f1;
};
int I=num;       //错，num 在此不可见
int num;             //正确，num 与类中说明的数据成员 num 具有不同的作用域
```

即使该成员函数的实现是在类定义之外给出的，类作用域也包含了类中成员函数的作用域。因此，当成员函数内使用一个标识符时，编译器先在包含类作用域的作用域中寻找。例如下面的例子：

```
class Myclass{
private:
    int num;
public:
    void set(int I);
};
int num;
void Myclass ::set(int I)
```

```
{
num=I;                          //使用类 Myclass 中的标识符 num
};
```
类中的一个成员名可以使用类名和作用域运算符来显式指定，这称为成员名限定。例如：
```
void Myclass :: set(int I)
{
Myclass ::num=I;               //显式指定访问 Myclass 类中的标识符 num
};
```
在程序中，分析对象的生存期与分析变量的生存期的方法一样，这是由对象说明来决定的。类中各数据成员的生存期由对象的生存期决定，当对象存在时，它们存在；当对象消失时，它们也消失。成员函数具有外部连接属性。

在程序中使用成员选择运算符 "." 或 "—>" 访问一个对象的成员时，其后的名字是引用该对象所在类中说明的成员名。例如：
```
Location A;
int GetX( );
int X=GetX( );                 //访问函数 GetX( )
X=A.GetX( );                   //访问类 Location 中说明的成员函数 GetX( )
```
在类中说明的枚举成员也使用成员选择运算符存取，因为枚举成员名也被隐藏在类作用域中，例如：
```
class X{
    public:
    int a;
    enum bool {false, true};
};
void fun(X&x)
{
X.a=X.false;
}
```
由于这些枚举成员不属于任何对象，它们为该类所有的对象所共享。因此，对这些枚举成员使用成员名限定方法进行存取比较恰当。例如：
```
void fun(X&x)
{
X.a=X::false;
}
```
但是，在一个友元函数访问类中的枚举成员时，有时必须使用成员选择运算符。友元函数将会在后面的章节进行讨论。

一个类说明也分为定义性说明和引用性说明，引用性说明仅说明了类名。例如：
```
class Location;                //引用性说明
```
而定义性说明同时也说明了类的成员，前面介绍过的类说明都是定义性说明。

除非编译器在处理类说明时，遇到了标识其结束的右花括号，否则这个说明仍然是引用性说明。引用性说明所说明的类名不能用来建立对象，只能用来说明指针或引用，或用在函数说明中。例如：
```
class S;
S  obj;          //错误
S  *objptr;      //正确
```

又例如：

```
class Myclass{
private:
    int I;
    Myclass num;          //错误
    Myclass *p;           //正确
};
class Yourclass{
private:
Myclass d;                //正确
};
```

在上例中，当在类 Myclass 中说明成员 num 时，类名 Myclass 仅作了引用性说明，因而这个语句是错误的。

由此可见，C++为类中声明的标识符引入了新的类作用域概念。这些标识符只有与类对象连用时才进入作用域。在可能出现两义性的情况下，必须使用作用域限定符"::"。作用域限定符::的特点，在第八章中详加讨论。

2.7.2　空类

尽管类的目的是封装代码和数据，但它也可以不包括任何声明。例如：

```
class Empty { };
```

当然，这种类没有任何行为，但可以产生空类对象。

```
void main( )
{
Empty  object;
}
```

为什么要产生空类呢?在开发大的项目文件时,需要在一些类还没有完全定义或实现时进行先期测试。这常称为"插头"用来保证代码能正确地被编译，从而允许测试其中的一部分。

2.7.3　类对象的性质及存取

类的一些基本特性如下：

① 对象之间可以相互赋值。例如：

```
Location La, Lb;
La.init(5, 6);
Lb=La;
```

Lb 的数据成员和 La 的相应的数据成员有相同的值。

② 对象可以用作数组的元素。例如：

```
Location arry[65]
```

数组 array 可以存储 65 个 Location 类的对象,如要显示第 5 个对象中保存的数据应写成：

```
cout<<arry[4].GetX( )<<arry[4].GetY( )<<end1;
```

③ 可以说明指向对象的指针，并且可以使用取地址运算符"&"将一个对象的地址置于该指针中。例如：

```
Location Pa;
Location *ploc=&pa;
```

```
ploc—>init(5，2);          //对象 Pa 的数据成员 X 和 Y 被置为 5 和 2
cout<<ploc—>GetX( )<<ploc—>GetY( )<<endl;
```

注意：不能取私有数据成员的地址，也不能取成员函数的地址，有关指向成员的指针在后面的章节中讨论。指向对象的指针的指针算术运算规则与 C 语言介绍的相同，例如，当 ploc 被加 1 之后，它指向当前所指对象的下一个对象。

④ 对象可以用作函数参数，这时参数传递策略采用的是值调用，即在被调函数中对形参所作的改变不影响调用函数中作为实参的对象。对于对象，也可以采用引用调用。例如：

```
void display(Location &loc)
{
cout<<loc.GetX( )<<loc.GetY( )<<end1;
}
```

但是，如果参数对象被修改(例如，调用成员函数 init)，相应的实参对象也将被修改。

⑤ 一个对象可以用作另一个对象的成员

就存储分配而言，可以将类视为一种结构。类也可以声明为 auto、register、extern 和 static 存储类。如果有足够的内存，而且不使用两义性的标识符同一个类可以产生无限多个对象。

2.7.4 嵌套类

在类中包含其他类声明可以提高类的抽象能力。在另一个类中声明的类称为嵌套类。可以认为它们是一种成员类。例如：

```
class Outer{
  public:
  class Inner{
    public:
    int x;
    };
};
```

相对类 Outer 来说，类 Inner 是嵌套类。仅仅声明嵌套类并不能自动地为类对象分配存储内存，嵌套声明仅影响嵌套类名字的作用域。只有实例化时，才给类分配存储空间。

2.7.5 类的实例化

与结构声明一样，类也不是存储区中的物理实体，只有当使用类产生对象时，才进行存储分配，这种对象建立的过程称为实例化。实例化一词在面向对象程序设计范围内使用广泛，用以表示产生类的实例或物理实体的动作。在某些语言中，对象就被称作实例。虽然在 C++ 中并不是这样，但实例化仍然是广泛使用的流行词。

应当注意的是:类必须在其成员被使用之前先进行声明。然而有时也需要将类作为一个整体来使用，而不存取公共成员。声明指针就是这种情况。例如：

```
//不完全的类声明
class Member;
Member *club;          //定义一个全局变量类指针
void main( ){ }            //以后再完全声明该类
class {
  public:
  Member( );
```

```
    Member *A Member;
  };
```

第一个语句称为不完全类声明。它用于在类没有完全定义之前就引用该类的情况，例如引用另一文件中定义的类。由于类标识符 Member 通过不完全类声明进入了作用域，所以就可以声明全局变量 club 指针了。编译器执行到该指针的声明处时，只了解指针所指类型是一个叫 Member 的类，而不了解其他任何情况。

不完全声明的类不能实例化。试图实例化会产生编译出错信息。不完全声明仅用于类和结构。试图存取没有完全声明的类成员，也会引起编译出错信息。

2.8　构造函数与析构函数

本节说明了建立一个对象时，对象的状态(数据成员的取值)是不确定的。为了使对象的状态确定，必须对其进行正确的初始化。C++有称为构造函数的特殊成员函数，它可自动进行对象的初始化。

在对象消失时，使用析构函数释放由构造函数分配的内存。构造函数、复制构造函数和析构函数是构造类的基本成员函数，应该深刻理解它们的作用，并熟练掌握其设计方法。

初始化和赋值是不同的操作，当预定义的初始化和赋值定义不满足程序的要求时，程序可以定义自己的初始化和赋值操作。

2.8.1　构造函数

在 C++语言中，可以使用初始化列表给没有定义构造函数的类的对象进行初始化。例如下面的例子。

程序 2-7　利用初始化列表初始化类。

```
//**          LT2-7.cpp                    **
//  2-7 使用初始化列表初始化类
class Init{
public:
  int I;
  char *name;
  float num[2];
};
  Init C={34, "program", {56.78, 23.4}};
```

其中内层的花括号用于初始化数组成员 num[2]。

在 C++中，构造函数提供了对一种给对象进行初始化的更强和更一般的方法，因此我们常常使用构造函数进行初始化。

（1）定义构造函数

构造函数是和类同名的成员函数，在定义构造函数时不能指定返回类型，即使是 void 类型也不可以。下面的程序说明构造函数的定义和执行过程。

程序 2-8　构造函数的定义和执行过程。

```
//**          LT2-8.cpp                    **
//2-8 构造函数的定义和执行过程实例程序
//test.h
```

```
class Test{
private:
  int num;
public:
  Test( );
  Test(int n);
};
 // LT8-8.cpp
#include <iostream.h>
#include "test1.h"
Test ::Test( )
{
cout <<"initializing default"<<end1;
num=0;
}
Test ::Test (int n)
{
  cout<<"initializing default"<<"  "<<n<<end1;
num=n;
}
```

在这个程序中，与 Test 类同名的两个成员函数是构造函数其中一个不带参数，另一个带有一个参数。

当在程序中说明一个对象时，程序自动调用构造函数来初始化这个对象的状态，下面给出一个示例主程序。

程序 2-9　自动调用构造函数来初始化对象。

```
//**          LT2-9.cpp                  **
// 2-9 程序自动调用构造函数来初始化对象
void main( )  {
    Test x;
    Test y(15);
    Test arry[2]={5，7};
}
```

执行此程序，其输出是：

```
    Initializing default
    Initializing 15
    Initializing 5
    Initializing 7
```

当执行到语句

```
    Test x;
```

时，程序为对象 x 分配内存，然后调用不带参数的构造函数来初始化这段内存，将 x 的数据成员 num 初始化为零。当程序执行到语句 Test y(15)；时，程序为对象 y 分配内存，然后调用带有参数的构造函数来初始化这段内存，将 y 的数据成员 num 初始化为 15。当程序执行到语句

```
    Test array[2]={5，7};
```

时，程序为对象数组 array[2]分配内存，然后调用带有参数的构造函数来初始化这段内存，将

array[0]的数据成员 num 初始化为 5，将 arry[1]的数据成员 num 初始化为 7。

当说明一个外部对象时，外部对象只是引用在其他地方说明的对象，程序并不为外部对象说明调用构造函数。如果是全局对象或静态对象，在 main 函数执行之前要调用它们的构造函数，下面的主程序说明全局对象的情况。

程序 2-10 说明全局对象的情况。

```
//**            LT2-10.cpp                **
// 2-10 说明全局对象情况的例子
//使用 test1.h 和 LT8-8.cpp
Test global(5);
void main( )
{
cout <<"Entering main"<<end1;
cout<<"Exiting main"<<end1;
}
```

执行这个程序，产生如下的输出：

```
initializing 5        //在 main 执行之前调用构造函数
Entering main
Exiting main
```

（2）构造函数和运算符 new

运算符 new 用于建立生存期可控的对象，new 返回这个对象的指针。由于类名被视为一个类型名，因此，使用 new 建立动态对象的语法和建立动态变量的情况类似，其不同点是 new 和构造函数一同起作用。例如：

```
//使用 test1.h 和 LT8-8.cpp
void    main( )
{
Test  *ptrl=new Test
Test  *ptr2=new Test(5);
delete ptr1;
delete ptr2;
}
```

运行这个程序，程序的输出结果是：

```
initializing  default
initializing 5
```

当使用 new 建立一个动态对象时，new 首先分配足以保存 Test 类的一个对象所需的内存，然后自动调用构造函数来初始化这块内存，再返回这个动态对象的地址。和说明对象时的情况一样，对于表达式

```
new Test
```

new 调用不带参数的构造函数，而对于表达式

```
new Test(5);
```

new 调用了带参数的构造函数。

使用 new 建立的动态对象在不用时必须用 delete 删除，以便释放所占空间。语句

```
delete ptrl;
```

删除 new 所指向的动态对象，回收这个动态对象占用的内存。语句

```
delete ptr2;
```

的作用也一样。

（3）缺省构造函数

不带参数的构造函数又称作缺省构造函数，原因是当没有为一个类定义任何构造函数的情况下，C++编译器总要自动建立一个不带参数的构造函数。例如，如果我们在上面的例子中没有为 Test 类定义任何构造函数，则 C++编译器要为它产生一个缺省构造函数，这个缺省构造函数具有下面这种形式：

```
Test :: Test( )
```

即它的函数体是空的。因此，当建立 Test 类的一个对象时，对象的状态是不确定的，即未初始化。

因为每个元素对象均需要调用一次缺省构造函数来为自己初始化，所以在说明一个对象数组时，必须要求有一个缺省构造函数。

在说明全局对象数组和静态对象数组这两种情况下，程序都在 main 函数之前为这些对象数组的每个元素调用缺省构造函数。若没有为一个类定义缺省构造函数时，则在说明对象数组时必须提供初始值。

（4）复制初始化构造函数

形如 X::X(X&)的构造函数称为复制(也称拷贝)初始化构造函数，这个函数用对它所在类的对象的引用作为参数。例如：

```
class Test{
  private:
    int num;
    float f1;
  public:
    Test(int , float);
    Test(Test &);      //复制初始化构造函数
};
Test :: Test( int n ,  float f)
{num=n;
f1=f;
}
Test :: Test(Test& t)
{num=t.num;
f1=t.f1;
}
```

构造函数 Test(Test&);是复制初始化构造函数。注意，在这个函数的实现中，它访问了对象的私有成员，这是允许的。在 C++中，在一个类中定义的成员函数可以访问该类任何对象的私有成员。这个成员函数具有特殊的作用，即在使用该类的一个对象初始化该类的另一个对象时，调用这个函数。例如：

```
Test obj1(5, 5.6);
Test obj2(obj1);          //调用复制初始化构造函数
```

最后这个语句调用构造函数 Test :: Test(Test&)，使用 obj1 来初始化 obj2。注意:这个构造函数必须使用引用参数。

2.8.2　析构函数

析构函数用于在对象消失时执行一些清理任务，例如，可以用来释放由构造函数分配的内存等。

（1）定义析构函数

析构函数名和类名相同，但要在析构函数名之前冠有一个浪纹号"～"，以区别于构造函数。在定义析构函数时，不能指定任何返回类型，即使指定 void 返回类型也是不可以的。析构函数不能指定参数，因此，从函数重载角度来分析，一个类也只能定义一个析构函数。我们仍以 Test 类为例来说明析构函数的行为。

程序 2-11 析构函数的行为。

```
//**           LT2-11.cpp                    **
//2-11 说明析构函数的行为
//test2.h
class Test{
private:
  int num;
  float f1;
public:
  Test( );
  Test(int n, float f);
  ～Test( );
};
// LT2-11.cpp
#include "test2.h"
Test ::test( )
{
num=0;
f1=0.0;
}
Test ::Test(int n, float f)
{
num=n;
f1=f;
}
Test :: ～Test( )
{
cout<<"destructor is active"<<end1;
}
```

在这个定义中，设计了一个成员函数 Test:: ～Test( )，这个成员函数就是析构函数，下面的测试程序说明析构函数的作用。

```
#include <iostream.h>
void main( )
{
Test x;
cout<<"Exiting main"<<end1;
}
```

执行此程序，其输出是：

```
Exiting main
```

```
destructor is active
```
析构函数在对象的生存期结束时被自动调用。在上面这个程序中，对象 x 的生存期在遇到右括号时结束，因此，析构函数的调用发生在上面这个程序的最后一条输出语句之后。当对象的生存期结束时，程序为这个对象调用析构函数，然后回收这个对象占用的内存。

全局对象和静态对象的析构函数在程序运行结束之前调用，例如：

```
//使用 test2.h 和 test2.cpp
#include <iostream.h>
Test global;
void main( )
{
cout <<"Exiting main"<<end1;
}
```

执行此程序，其输出是：

```
Exiting main
destructor is active
```

因为当程序执行到右花括号时，程序结束，全局对象 global 的析构函数被调用。当使用 C++系统函数 exit 终止一个程序的运行时，也调用全局对象和静态对象的析构函数，例如：

```
//使用 test2.h 和 LT8-11.cpp
#include <iostream.h>
#include <stdlib.h>
Test global;
void main( )
{
exit(0);
cout<<"Exiting main"<<end1;
}
```

程序的运行结果是：

```
destructor is active
```

上述程序中的语句

```
cout<<"Exiting main"<<end1;
```

没有被执行，但程序仍未忘记为全局对象 global 调用析构函数。因此，为防止程序无限递归，在析构函数中不能使用函数 exit( )，必要时可使用函数 abort( )。

（2）**析构函数和对象数组**

程序 2-12　演示在对象数组的生命期结束的情况下析构函数的行为。

```
//**         LT2-12.cpp                    **
//2-12 演示在对象数组的生命期结束的情况下析构函数的行为
//使用 test2.h 和 LT8-11.cpp
#include <iostream.h>
#include "test2.h"
void main( )
{
Test arry[2];
cout <<"Exiting main"<<end1;
}
```

运行这个程序，程序的输出是：

```
Exiting main
destructor is active
destructor is active
```
从这个程序的运行结果可以看出，当对象数组的生命期结束之后，C++系统为对象数组的每个元素调用一次析构函数。全局对象数组和静态对象数组的析构函数在程序结束之前被调用，请读者自行分析。

（3）析构函数和运算符 delete

运算符 delete 与析构函数一起工作。例如：

```
//使用 test2.h 和 test2.cpp
#include <iostream.h>
#include "test2.h"
void main( )
{
Test *objptr=new Test(5, 23.5);
delete objptr;
cout <<"Exiting main"<<end1;
}
```

程序的运行结果是：

```
destructor is active
Exiting main
```

当使用运算符 delete 删除一个动态对象时，它首先为这个动态对象调用析构函数，然后再释放这个动态对象占用的内存，这和使用 new 建立动态对象的过程正好相反。

下面的程序用于说明建立和释放一个动态对象数组的情况。

```
//使用 test2.h 和 LT2-11.cpp
#include "test2.h"
void main( )
{
Test *ptr=new Test[2];
delete [ ] ptr;
}
```

运行这个程序，程序的输出是：

```
destructor is active
destructor is active
```

表达式 new Test[2]首先分配两个 Test 类的对象所需的内存，然后分别为这两个对象调用一次构造函数。当使用 delete 释放动态对象数组时，必须告诉这个动态对象数组有几个元素对象，即语句

```
delete[ ] ptr;
```

使运算符 delete 知道 ptr 指向的是动态对象数组，delete 将为动态数组的每个对象调用一次析构函数，然后释放 ptr 所指向的内存。

（4）缺省析构函数

每个对象都有一个析构函数，如果在定义一个类时没有定义一个析构函数，C++编译器要为这个类产生一个缺省的析构函数，正如没有给类定义构造函数，则由C++编译系统产生一个缺省构造函数一样，编译器也为它产生一个缺省的析构函数：

```
Test ::~Test( )
{
}
```
它的函数体是空的，即这个缺省析构函数什么也不做。

2.8.3　构造函数类型转换

一个对象可以作为操作数用在表达式中，在对表达式求值时，可能需要对操作数进行类型转换，这种转换是否合法取决于为对象定义的构造函数。本节仅讨论赋值时的类型转换，在后面介绍运算符重载时再讨论其他情况下的类型转换问题。分析下面的 Test 类：

```
//**        test.h                    **
#include <iostream.h>
class Test{
private:
  int num;
public:
  ~Test( );
  Test(int );
  void print( );
};
Test ::Test(int n)
{
num=n;
cout<<"Intializing"<<num<<end1;
}
void Test ::print( )
{
cout <<num<<end1;
}
Test:: ~Test( )
{
cout <<"Destorying"<<num<<end1;
}
```

程序 2-13　使用 Test 类的程序。

```
//**       LT2-13.cpp                       **
#include "test.h"
void main( )
{
Test  Try(0);
Try=5;
Try .print( );
Try=Test(10);
Try .print( );
}
```

程序的输出是：
```
Initializing 0            //建立对象 Try
```

```
Initializing 5                    //建立隐藏对象
Destroying 5                      //析构第一次建立的对象 Try
//输出建立的隐藏对象之数据
Initializing 10                   //由强制类型转换建立数据为 10 的对象
destroying 10                     //析构建立的隐藏对象 Try(num=5)
//输出由强制类型转换所建立对象之数据
Destroying 10                     //析构强制类型转换所建立的对象 Try(num=10)
```
当执行语句：
```
Try=5;
```
时，Try 希望接受一个 Test 类的对象，这时编译器要调用构造函数将 5 转换成 Test 类型的对象，这时建立了一个隐藏的对象，这个对象赋给了 Try。程序接着自动调用析构函数，因为此时的数据成员 num 已由原来的 0 变为 5，所以析构函数输出为：Destroying 5。

程序中的表达式 Test(10)是个强制类型表达式，这个表达式调用 Test 类的构造函数将 10 转换成 Test 类型的对象，这时也建立了一个隐藏的对象，然后，语句
```
Try=Test(10);
```
将这个对象赋值给 Try。

程序运行中先后产生三个对象(对象 Try 和两个无名对象)因此，程序在运行时根据情况调用了三次析构函数。由此可见，构造函数的另一个重要作用是进行类型转换，形如
```
Try ::Try(T1, T2, T3, ..., Tn)
```
的构造函数将类型为 T1，T2，...，Tn 的操作数转换为具有 Try 类类型的操作数(对象)。

2.8.4　对象的初始化

在前面几节，当建立对象时，我们在对象名之后的括号内给出了对象的初值。例如：
```
Test Try(5);
```
也曾介绍过使用等号在说明语句中进行初始化的情况，这时，等号不是运算符，编译器对这种表示方法有特殊的解释。考虑 Test 类的情况：
```
Test  Try1=5;
Test  Try2=Test(10);
```
编译器将它们解释为：
```
Test  Try1(5);
Test  Try2(10);
```
对任何类 Try1，如果程序员没有定义复制初始化构造函数，C++编译器都要生成一个形如 Try1::Try1(const Try1&)的缺省复制初始化构造函数，它的执行方式为:用作为初始值的对象的成员初始化正建立的对象的相应成员。例如，编译器为 Test 类生成的缺省复制初始化构造函数等价于：
```
Test ::Test(const Test& e)
{
num=e.num;
}
```
这种缺省复制初始化构造函数在有些情况下会产生问题。例如：
```
//**              string1.h                **
#include <iostream.h>
#include <string.h>
class String{
```

```
private:
    char *str;
public:
    String(char *s)
{
    str= new char[strlen(s)+1];
    strcpy(str, s);
}
void print( ){cout <<str<<end1; }
～String( ){cout<<"delete…"<<end1;
delete str;
}
```

程序 2-14 使用 String 类的一个程序。

```
//**        LT2-14.cpp                        **
#include "string1.h"
void  main( )
{
String s1="hello";
String s2=s1;    //error run time error
s1.print( );
s2.print( );
}
```

按缺省的初始化定义，语句：

```
String s2=sl；
```

将 s1 的成员 str 值置给 s2 的成员 str，即等价于：

```
s2.str=s1.str；
```

这样，s2 和 s1 的数据成员 str 都指向同一个串，当对象 sl 和 s2 的生命期结束时，它们的析构函数都要删除同一个串。同一个串被删除两次，这是错误的。在这种情况下，程序员必须定义自己的复制初始化构造函数：

```
String : String(String& a)
{
str=new char[strlen(a .str)+1];
strcpy(str, a.str);
}
```

在以值调用方式向函数传递对象参数时，为初始化形参，要调用复制初始化构造函数，在被调函数返回时，形参的生存期结束，它的析构函数被调用；在函数返回一个对象时，要使用返回值初始化调用函数内部的一个(隐藏)对象，这时也要调用复制初始化构造函数，在该隐藏对象的生存期结束时，同样也要调用它的析构函数。下面通过一个例子说明这个问题。

程序 2-15 调用析构函数。

```
**
//**           LT2-15.cpp                        **
**
//2-15 说明调用析构函数的例子
#include <iostream.h>
class Myclass{
```

```cpp
private:
   int val;
public:
   Myclass(int I=0){val=I; }
   Myclass(Myclass& cp);
   void set (int I);
   void print ( );
   ～Myclass ( );
};
Myclass ::Myclass(Myclass& cp)
{
val=cp.val;
cout <<"Hi.val="<<val<<end1;
}
void Myclass::set(int I)
{
val=I;
}
void Myclass::print( )
{
cout<<"This print val="<<val<<end1;
}
Myclass::～Myclass( )
{
cout<<"Destructor for val"<<val<<end1;
}
Myclass  Myfun(Myclass);
void gfun( );
void main( )
{
gfun( );
cout<<"exiting main"<<end1;
}
void gfun( )
{
Myclass my(5)，ret;
cout<<"Myclass called.."<<end1;
ret=Myfun(my);
cout<<"in gfun.."<<end1;
cout<<"my= =>";
my.print( );
cout<<"ret= =>";
ret.print( );
cout<<"exiting gfun"<<end1;
}
Myclass Myfun(Myclass obj)
```

```
    {
cout<<"in Myfun.."<<end1;
obj.print;
obj.set(0);
cout <<"returning.."<<end1;
return obj;
}
```
程序的输出结果为：
```
Myclass called..
Hi .va1=5                        //在参数传递中调用了 Myclass:: Mylass(Myclass&)
in Myfun..
This print va1=5
returning..
Hi .val=10                       //在函数返回时调用了 Myclass::Myclas(Myclass& )
Destructor for val=10            //这两个输出是调用参数 obj 和 gfun( )中的
Destructor for val=10            //隐藏对象的析构函数时产生的
in gfun..
my ==〉 this print va1=5
ret==〉 this print val=10
exiting gfun
 Destructor for val=10           //对象 ret 的析构函数被调用
Destructor for va1=5             //对象 my 的析构函数被调用
exiting main
```
注意：在函数 Myfun( )中对参数 obj 的修改［即表达式 obj.set(10)］不影响调用函数 main 中的实参 my，这是值调用的结果。因此，在对象用作函数的参数以及函数返回一个对象时，这两种情况都被视为对对象的初始化。注意，为一个类定义恰当的初始化过程是保证程序正确工作的基础。如果一个类定义了复制初始化构造函数，它的对象又常用作函数的参数，这时如使用引用调用，则比使用值调用的程序有更高的效率。因为引用不是对象，在初始化引用时不调用复制初始化构造函数（注意：在引用的生存期结束时也不调用析构函数）。虽然返回引用同样可以改善程序的效率，但注意不能返回对局部对象的引用。

2.8.5　对象赋值

编译器在缺省情况下为每个类生成一个缺省的赋值操作，用于同类的两个对象之间相互赋值。缺省的含义是给成员赋值，即将一个对象的成员的值赋给另一个对象相应的成员，这种赋值方式对于上节介绍的 String 类是不正确的。

程序 2-16　错误的对象赋值。
```
**
//**           LT2-16.cpp                    **
//2-16 错误的例子
# include "string.h"
void main( )
  {
  String s1("hello"), s2("world");
s2=s1;
  }
```

经赋值后，s2 的数据成员 str 被置为 s1 的数据成员 str 的值。这导致两个问题:首先是 s2 的 str 原先所指向的变量(用于有存储串"world")再也无法被访问到，其次是当 s2 和 s1 的生存期结束时，存储"hello"的变量被删除两次，这是个严重的错误。因此，程序必须为 String 类定义自己的赋值操作。

程序 2-17 为 String 类定义自己的赋值操作。

```
//**            LT2-17.cpp                    **
//2-17 为 String 类定义自己的赋值操作的例子
String& String ::operator=(String& a)
{
if (this=&a)    //防止 s=s 这样的赋值
return *this;
delete str;
str=new char[strlen(a.str)+1];
strcpy(str, a.str);
return *this;
}
```

这个成员函数必须使用引用参数。operator 是 C++的关键字，它和运算符一起使用，表示一个运算符函数，读者应将 operator=从整体上视为一个(运算符)函数名。

当 String 类定义了赋值运算函数之后，语句

```
s2=s1;
```

被 C++编译解释为

```
s2.operator=(s1);
```

它调用成员函数 string :: operator=(string&)完成赋值操作。因为这个函数返回一个引用，所以它可以用于下面这种赋值操作中:

```
s3=s2=s1;
```

C++编译器将其解释为

```
s3.operator=(s2.operator=(s1));
```

下面在头文件中给出 String 类的完整实现，以便读者对比分析。

程序 2-18 完整实现 String 类。

```
//**            LT2-18.cpp                    **
//2-18 完整实现 string 类的例子
//string4.h
#include <iostream.h>
#include <string.h>
class String{
private:
  char *str;
public:
  String(char *s);
  String(String& s);
  String& operator=(String& a);
  String& operator=(char *s);
  void print {cout <<str<<end1; }
  ～String( ){delete str; }
};
```

```
String ::String(class *s)
{
str=new char(strlen(s)+1);
strcpy (str, s);
}
String& String ::operator=(String& a)
{
if(this ==&a)
return *this;
delete str;
str=new char[strlen(a.str)+1];
strcpy(str, a.str);
return *this;
}
String String ::operator=(char *s)
{
delete str;
str=new char[strlen(s)+1];
strcpy(str, s);
return *this;
}
```
下面是测试程序：
```
#include "string4.h"
void main( )
{
String s1("here"), s2("there");
s1.print( );
s2.print( );
s2=s1;
s2.print( );
}
```
由于程序中经常要进行形如
```
s1="hello";
```
这样的赋值。因此，为 String 类定义了一个成员函数 string ::operator=(char *)以绕过类型转换所带来的运行时间的开销。

2.8.6 对象成员

可以在一个类中说明具有类的类型的数据成员，这些成员称为对象成员。说明对象成员的一般形式为：
```
class X{
     类名1     成员名1
     类名2     成员名2
     ......     ......
     类名n     成员名n
};
```

说明对象成员是在类名之后给出对象成员的名字。为初始化对象成员，X 类的构造函数要调用这些对象成员所在类的构造函数，X 类的构造函数的定义形式如下：

X::X (参数表 0) :成员 1 (参数表 1)，成员 2 (参数表 2)，成员 n(参数表)

{

......

}

冒号后由逗号隔开的项组成成员初始化列表，其中的参数表给出为调用相应成员所在类的构造函数时应提供的参数。这些参数一般来自"参数表 0"，可以使用任意复杂的表达式，其中可以有函数调用。如果某项的参数表为空，则表中相应的项可以省略。

对对象成员的构造函数的调用顺序取决于这些对象成员在类中说明的顺序，与它们在成员初始化列表中给出的顺序无关。

当建立 X 类的对象时，先调用对象成员的构造函数，初始化对象成员，然后才执行 X 类的构造函数，初始化 X 类中的其他成员。

程序 2-19 析构函数的调用顺序与构造函数正好相反。

```cpp
//**          LT2-19.cpp                **
//2-19 分析下面程序中析构函数与构造函数的调用顺序
#include <iostream.h>
class Object{
private:
  int val;
public:
  Object( );
  Object(int I);
  ~Object( );
};
Object ::Object( );
{
val=0;
cout <<"default constructor for object"<<end1;
}
Object ::Object(int I)
{
val=I;
cout <<"constructor for object"<<val<<end1;
}
Object:: ~Object( )
{
cout <<"destructor for object"<<val<<end1;
}
class Container{
private:
  Object one;
  Object two;
  int data;
public:
```

```
    Container( );
    Container(int I, int j, int k);
    ～Container( );
};
Container ::Container( )
{
data=0
cout<<"default constructor for container"<<end1;
}
Container ::Container(int I, int j, int k):two(i), one(j)
{
data=k;
cout <<"constructor for container"<<end1;
}
Container :: ～Container( )
{
cout<<"destructor for container"<<end1;
}
void main( )
{
Container anobj(5, 6, 10);
}
```

在这个程序中，Container 类包含有两个具有 Objec 类的对象成员 one 和 two。程序的输出结果：

```
constructor for object 6      为对象成员 one 调用构造函数
constructor for object 5      为对象成员 two 调用构造函数
constructor for container     调用 Constructor 类的构造函数
constructor for container     调用 Constructor 类的析构函数
constructor for object 5      为 two 调用析构函数
constructor for object 6      为 one 调用析构函数
```

我们用下面的程序说明调用缺省析构函数的情况：

```
void main( )
{
Container anobj;
}
```

程序输出结果：

```
default constructor for object      为 one 调用缺省的构造函数
default constructor for object      为 two 调用缺省的构造函数
default constructor for container   调用 Container 的缺省的构造函数
destructor for container            调用 Container 的析构函数
destructor for object 0             调用 two 的析构函数
destructor for object 0             调用 one 的析构函数
```

对基本数据类型的成员的初始化也可以在成员初始化列表进行。例如：

```
Container ::Container(int I, int y, int k): two(i), one(j), data(k)
{
}
```

当初始化 const 成员和引用成员时，必须通过成员初始化列表进行。例如：

```
class Example{
  private:
  const int num;
  int& ret;
public:
  Example(int n, int f):num(n), ret(n);
};
```

2.9　小　结

一个类具有数据成员，还具有成员函数，通过成员函数可以对数据成员进行操作，并实现它的功能。

定义了一个类后，可以把该类名作为一种数据类型，定义其"变量"（对象）。

程序利用点操作符"."访问类的公共成员。

程序可以在类的外部或内部定义它的成员函数，在类的外部定义成员函数时，必须指出所属的类名，并用全局作用域分辨符"::"把类名和函数名连接起来。

类的成员，包括数据和函数，都可以被说明为公有、保护或私有。公有成员可以在程序中任意被访问，而保护或私有成员只能被这个类的成员函数所访问。

把成员说明为保护的，使类的使用者在使用它时，只关心接口，无须关心它的内部实现，即方便了使用，又保护了内部结构。这就是类的封装原理。

含有类的程序结构，充分体现了类的封装和重用，更容易被人所理解。

构造函数是一种用于创建对象的特殊成员函数，人们调用一个构造函数来为类对象分配空间，给它的数据成员赋初值，以及其他请求资源的工作。每一个类对象都必须在构造函数中诞生，一个类可能拥有一个或多个构造函数，编译程序为了决定调用哪一个构造函数，要把对象声明中使用的实参和构造函数的参数进行比较，该过程与普通重载函数匹配函数调用的方法相同。

在包含对象成员的类对象创建时，需要对象成员的创建，相应地调用对象成员的构造函数。然而，构造对象成员的顺序要看类中声明的顺序，而不是看构造函数说明中冒号后面成员初始化的顺序。

构造函数尚有一些内容在后面的章节介绍。

习　题　2

名词解释题

（1）类　　　（2）对象　　　　　（3）实例化　　　　（4）数据封装　　　　（5）this 指针
（6）构造函数（7）缺省构造函数　　　　　　　　（8）拷贝初始化构造函数
（9）析构函数（10）对象成员

填空题

（1）C++语言的类是由（　　　）和对其进行操作的（　　　）组成，它们分别叫作类的（　　　）和类的（　　　）。

（2）类定义中关键字 private、pubic、protected 以后的成员的访问权限分别是（　　）、（　　）、（　　），我们就把这些成员分别叫作（　　）、（　　）和（　　）。如果没有使用关键字，则所有成员缺省定义为（　　）权限。具有（　　）访问权限的数据成员才能被不属于该类的函数所直接访问。

（3）在类中说明的任何成员均不能使用（　　）、（　　）和（　　）。

（4）定义成员函数时，运算符"::"是（　　）运算符，"Myclass::"用于表明其后的成员函数是在"（　　）"中说明的。

（5）在程序运行时，通过为对象分配内存来创建对象。在创建对象时，使用类作为（　　），故称对象为类的（　　）。

（6）数据封装就是使用（　　）将数据和操作这些数据的代码连接在一起。在 C++中，封装可以由（　　）、（　　）和（　　）等关键字来提供，这些关键字能将数据和函数组合成一个类。

（7）如果我们在（　　）时给出成员函数的实现（函数体），这时成员函数就称为内联函数。另外也可在定义成员函数的实现时在函数前加（　　）关键字，达到同样效果。

（8）重载函数的（　　）是相同的，但（　　）的类型却是不同的。

（9）结构以关键字（　　）来定义。在缺省情况下（未指定访问权限时），结构中的所有成员都是（　　），而在类中是（　　）。

（10）联合以关键字（　　）来定义，成员缺省为（　　）并且在某个给定时间，成员只存（　　）。

（11）说明类时所使用的一对花括号形成所谓的（　　）。类中的一个成员名可以使用类名和作用域运算符来显式指定，这称为（　　）

（12）一个类的说明分为（　　）说明和（　　）说明，（　　）说明仅说明了类名，而（　　）说明同时也说明了类的成员。

（13）类中各数据成员的生存期由（　　）的生存期决定，对象存在时，它们（　　），对象消失时，它们（　　）。

单选题

在下列各题的备选答案中，选出一个正确答案，并将其号码填写在题目中的括号内。

（1）在 C++中，封装是借助于（　　）达到的。

（A）结构　　　　　　（B）类　　　　　　（C）数组　　　　　　（D）函数

（2）所有在函数中定义的变量，连同形式参数，都属于（　　）。

（A）全局变量　　　　（B）局部变量　　　（C）静态变量　　　　（D）寄存器变量

（3）以下不属于类的存取权限的是（　　）。

（A）public　　　　　（B）static　　　　（C）protected　　　　（D）private

（4）所有在函数中定义的变量，连同形式参数，都属于（　　）。

（A）全局变量　　　　（B）局部变量　　　（C）静态变量　　　　（D）寄存器变量

（5）以下不属于类的存取权限的是（　　）。

（A）pubic　　　　　（B）static　　　　（C）protected　　　　（D）private

（6）有关类的说法不正确的是（　　）。

（A）类是一种用户自定义的数据类型

（B）只有类的成员函数才能访问类的私有数据成员

（C）在类中，如不做权限说明，所有的数据成员都是公有的

（D）在类中，如不做权限说明，所有的数据成员都是私有的

（7）有关类和对象的说法不正确的是（　　）。

（A）对象是类的一个实例

（B）一个类只能有一个对象

（C）一个对象只能属于一个具体的类

（D）类与对象的关系和数据类型与变量的关系是相似的

（8）在类的定义形式中，数据成员、成员函数和（　　）组成了类的定义体。

（A）成员访问控制信息　　　　　　　　　（B）公有信息

（C）私有信息　　　　　　　　　　　　　（D）保护信息

（9）设 Myclass 是一个类，aa 是它的一个对象，pp 是指向 aa 的指针，cc 是 aa 的引用，则对成员的访问，对象 aa 可以通过（　　）进行，指针 pp 可以通过（　　）进行，引用 cc 可以通过（　　）进行。

（A）::　　　　　　　　（B）.　　　　　　　（C）&　　　　　　　（D）->

（10）在建立对象时（　　）。

（A）只分配用于保存数据的内存

（B）为每个对象的数据和代码同时分配内存

（C）类中定义的代码和数据放在内存的一个公用区中，供该类的所有对象共享

（11）关于成员函数的说法中不正确的是（　　）。

（A）成员函数可以无返回值

（B）成员函数可以重载

（C）成员函数一定是内联函数

（D）成员函数可以设定参数的默认值

（12）以下说法正确的是（　　）。

（A）在 protected 部分定义的内容允许被其他对象无限制地存取

（B）在 private 部分定义的内容允许被其他对象无限制地存取

（C）在 pubic 部分定义的内容允许被其他对象无限制地存取

（13）以下说法正确的是（　　）。

（A）同一个程序中可以声明两个同名的类

（B）同一个函数中可以声明两个同名的对象

（C）同一个类中可以声明两个同名的数据成员

（D）同一个类中可以声明两个同名的成员函数

（14）以下说法正确的是（　　）。

（A）联合使若干数据成员各有一个地址

（B）联合占据的内存是联合中各个成员占用的内存之和

（C）联合不能用作任何类的基类

（D）联合能从类中派生出联合

（15）类的实例化是指（　　）。

（A）创建类的对象　　　　　　　　　　　（B）定义类

（C）指明具体的类　　　　　　　　　　　（D）调用类的成员

（16）对于 Test 类，可以指定返回值类型的成员函数是（　　）。

（A）Test（　　）　　　　　　　　　　　（B）~Test（　　）

（C）Test（int n）　　　　　　　　　　　（D）Test（Test& obj）

（17）在类的成员函数中，可以指定参数类型的成员函数是（　　）。

（A）构造函数　　　　　　　　　　　　　（B）缺省构造函数

（C）析构函数　　　　　　　　　　　　　（D）缺省析构函数

（18）关于构造函数的说法错误的是（   ）。

（A）构造函数只有一个

（B）构造函数无任何函数类型

（C）构造函数名与类名相同

（D）构造函数在说明对象时自动执行

（19）关于析构函数的说法错误的是（   ）。

（A）析构函数只有一个

（B）析构函数无任何函数类型

（C）析构函数与构造函数一样可以有形参

（D）析构函数在对象被撤销时自动执行

（20）下列函数中，不属于类的成员函数的是（   ）。

（A）构造函数　　　　　　　　　　（B）析构函数

（C）友元函数　　　　　　　　　　（D）拷贝初始化构造函数

（21）通常拷贝初始化构造函数的参数是（   ）。

（A）某个对象名　　　　　　　　　（B）某个对象的成员名

（C）某个对象的指针名　　　　　　（D）某个对象的引用名

（22）下列说法正确的是（   ）。

（A）使用一建立动态对象的语法和建立动态变量的情况完全不同

（B）new 和构造函数不能一同使用

（C）使用一建立一个动态对象时，自动调用构造函数

（D）使用 new 建立的动态对象在不用时必须调用析构函数删除

多项选择题

在下列各题的备选答案中，选出所有的正确答案，并将其号码填写在题目中的括号内。

（1）以下 C++中结构的特性对类也同样适用的是（   ）。

（A）对象之间可以相互赋值

（B）对象可以用作数组的元素

（C）对象可以用作函数参数

（D）对象可以用作另一对象的成员

（2）C++中，封装可以由下列哪些关键字提供（   ）。

（A）struct　　　　（B）union　　　　（C）class　　　　　　（D）type

（3）面向对象的程序中，对象的特点有（   ）。

（A）多态性　　　　　（B）抽象性　　　　（C）封装性

（4）下面认识正确的是（   ）。

（A）在程序中建立对象，必须先说明类

（B）由用户自己定义的类说明的变量称为对象

（C）具有相同类类型的对象的数据和代码共享

（D）类类型是 C++的预定义类型的一种

（5）下面说法错误的是（   ）。

（A）如在类定义时给出成员函数的实现，则此成员函数一定为内联函数

（B）可在定义成员函数的实现时在函数前加 inline 关键字来实现内联函数

（C）类中的内联函数可以先使用后说明

（D）类中的所有的函数都必须先说明后使用

（6）有关析构函数说法正确的是（   ）。

（A）析构函数在对象生存期结束时被自动调用

（B）析构函数名与类名相同

（C）定义析构函数时，可以指定返回类行为 void

（D）析构函数不能指定参数

（7）在缺省情况下，C++编译器为类自动生成的成员有（　　　）。

（A）构造函数　　　　　　　　　　　　　（B）析构函数

（C）赋值操作　　　　　　　　　　　　　（D）拷贝初始化构造函数

（8）下列说法正确的是（　　　）。

（A）main() 函数内声明的局部对象的构造函数在对象声明时自动调用

（B）main() 函数内声明的局部对象的析构函数在 main() 函数结束时自动调用

（C）全局对象和静态对象的构造函数在 main() 函数执行之前被调用

（D）全局对象和静态对象的析构函数在 main() 函数结束之后被调用

（9）下列关于 new 运算符的说法中正确的是（　　　）。

（A）可以使用 new 来动态创建对象和对象数组

（B）使用 new 动态创建对象数组时必须指定初始值

（C）使用 new 动态创建对象数组时要调用对象的构造函数

（D）使用 new 动态创建的对象数组可以使用 delete 一次性删除

（10）下列关于 delete 运算符的说法中正确的是（　　　）。

（A）delete 必须使用 new 返回的指针

（B）对一个使用 new 返回的指针可以进行多次 delete

（C）使用 delete 删除动态对象时一定会调用该对象的析构函数

问答题

（1）类和结构有何区别？

（2）公有函数如何保护私有数据？

（3）类与对象有什么关系？

（4）类定义的一般形式是什么？其成员有哪几种访问权限？

（5）如何由外部访问对象内部的私有数据？

（6）如何使成员函数成为内联函数？

（7）什么是 this 指针？它的主要作用是什么？

编程题

（1）定义一个类表示公路上的车辆，它存放一辆车有几个轮子和一辆车能载几个乘客的信息。

（2）设计一个类，体现其封装性。

（3）使用内联函数设计一个类，用来表示直角坐标系中的坐标。

（4）设计一个类，使它具有一个计算两个数之和的成员函数，并使用一个测试程序验证程序。

（5）设计一个类，把厘米为单位表示的身高作为输入并返回以米为单位表示的身高。

（6）设计一个程序，能显式地说明何时调用构造函数。

（7）设计一个程序，能显式地说明何时调用析构函数。

完成程序

（1）下面是一个类的测试程序，设计出能使用如下测试程序的类：

```
void main( )
{
```

```
Test a;
a. init(68, 55);
b. print( );
    }
```
测试结果：68-55=13

（2）根据下面程序，补上所缺类说明文件的最小形式（不要求实现成员函数的定义）。

```
  #include <iostream.h>
#include "base.h"
void main( )
{
base try;
try.init(6);
cout <<try.Getnum( );
}
```

（3）一个类的头文件如下所示：

```
//test.h
class Test{
private:
  int num;
public:
Test(int);
void show( );
Test ::Test(int n)
{
num=n;
}
test ::show( )
{
cout<<num<<end1;
}
}
```

编写一个主程序，产生对象 TTT，且 TTT.num=5，并且使用 show( )函数输出这个对象的值。

第3章 继承和多态

继承和多态是面向对象程序设计的另一个重要组成部分。继承是一种类的层次模型，并且允许和鼓励类的重用，它提供了一种明确表述共性的方法。对象的一个新类可以从现有的类中派生，这个过程称为类的继承。多态性是指允许不同类的对象对同一消息作出响应。

3.1 类的继承

类的继承就是创建一个具有别的类的属性和行为的新类。即从已有的对象类型出发，建立一种新的对象类型，使它继承(具有)原对象的特点和功能。

新类继承了原始类的特性,新类称为原始类的派生类(子类),而原始类称为新类的基类(父类)。派生类可以从它的基类继承方法和实例变量，并且类可以修改或增加新的方法使之更适合特殊的需要。这也体现了大自然中一般与特殊的关系。继承性很好地解决了软件的可重用性问题。比如，所有的 Windows 应用程序都有一个窗口，可以认为它们都是从一个窗口类派生出来的。但是有的应用程序用于文字处理，有的应用程序用于绘图，这是由于派生出了不同的子类，各个子类添加了不同特性的结果。图 3-1 给出了自然界中生物的一种继承层次图，最高层次的生物类代表了层次结构中最一般的概念，较低层次的类表示由上一层的类(即其基类)所派生的特殊类的概念。

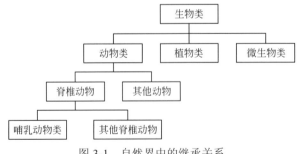

图 3-1　自然界中的继承关系

C++中有两种继承：单一继承和多重继承。

单一继承就是只通过一个基类产生派生类。这个派生类的基类只有一个，它从基类继承所有成员。

多重继承的派生类有多个基类。

3.2　单一继承

单一继承的一般形式为：

```
class 派生类名：访问控制 基类名
{
private:
        成员说明列表
public:
成员说明列表
}
```

当在派生类定义中的访问控制(权限)设为 public(公有)时，这个类的派生就称为"公有派生"，它有如下特点：

① 基类的公有成员在派生类中仍然是公有的。

② 基类的保护成员在派生类中仍然是保护的。

③ 基类的不可访问和私有成员在派生类中仍然是不可访问的。

因为派生是没有限制的，即派生类也可作为基类派生新的类，所以在派生类中有一种"不可访问成员"级别存在，它要么是基类的不可访问成员，要么是基类的私有成员。

赋值兼容原则：就是在公有派生的情况下，一个派生类的对象可以作为基类的对象来使用（在公有派生的情况下，每一个派生类的对象都是基类的一个对象——它继承了基类的所有成员，并且没有改变其访问权限）。

在继承中，派生类含有基类的成员加上任何新增的成员。结果派生类可以引用基类的成员(除非这些成员已在派生类中重定义)。当在派生类中重定义直接基类或间接基类的成员时，可以使用范围分辨符"::"引用这些成员。参考下面的代码：

```
class Documents
{
public:
  char *Title;              //文件的名称
  void OutputTitle( );      //打印文件名称
}
//类 Documents 的 OutputTitle 函数的实现
void Documents :: OutputTitle( )
{
cout <<title<<end1;
}
//定义子类 Book
class Book: public Documents
{
public:
    Book(char *title, long pagecount);
private:
    long PageCount;
```

```
}
//Book 的构造函数
Book:: Book(char *title, long pagecount)
{
strcpy (Title, title);
PageCout=pagecout;
}
```

在上面的例子中，Book 类就是一个派生类(即 Documents 类的子类)。Book 的构造函数 (Book ::Book)具有对数据成员 Title 的访问权。在程序中可以按如下方式创建 Book 类的对象：

```
//创建一个 Book 类的新对象，并且激活构造函数 Book ::Book
Book    computerbook("computer science", 500);
……
//引用从 Documents 中继承来的函数 OutputTitle( )
  Documents :: OutputTitle( );
```

如果类 Book 所调用的 OutputTitle 是由类 Book 重新定义实现的,则原来属于类 Document 的 OutputTitle 函数在加上范围分辨符"::"后才能使用。

```
Documents :: OutputTitle( );
```

同指定类中的成员的访问权限相仿，我们可以使用访问限定关键字指定派生类对基类成员的访问权限。对于使用不同方式（public、private 和 protected）派生的类，基类中以不同方式（public、private 和 protected）定义的成员的访问限制是不同的。我们将相关的派生访问权限内容列于表 3-1 中。

表 3-1　不同派生方式得到的派生类对基类成员的访问权限

基类成员所使用的关键字	在派生类中基类的继承方式	派生类对基类成员的访问权限
public(公有成员)	public protected private	相当于使用了 public 关键字 相当于使用了 protected 关键字 相当于使用了 private 关键字
protected(受保护成员)	public protected private	相当于使用了 public 关键字 相当于使用了 protected 关键字 相当于使用了 private 关键字
private(私有成员)	public protected private	不可访问 不可访问 不可访问

3.3　多重继承

多重继承是指一个派生类由多个基类派生而来，它是单一继承的自然扩展。

多重继承的一般形式为：

```
class 类名 1：访问控制 类名 2，访问控制 类名 3，...访问控制 类名 n
{
...//定义派生类自己的成员
};
```

从中可以看出，每个基类有一个访问控制来限制其中成员在派生类中的访问权限，其规则和单一继承是一样的。

程序 3-1 实现类的多重继承。

```cpp
//**           LT3-1.cpp                        **
#include <iostream.h>
class A
{
public:
  int a( )
{
return 0;
}
};
class B
{
public :
float b( )
{
return (4.14);
}
};
class C: public A, public B
{
};
void main( )
{
C thec;
cout <<thec.a( )<<end1;
}
```

在上例中，类 C 是类 A 和类 B 的子类，是一种多重继承。

程序 3-2 解决了多重继承的名字冲突。

```cpp
//**      LT3-2.cpp                       **
  #include <iostream.h>
  class A
{
public:
    int a( )
{
return 0;
}
};
class B
{
 public:
  float a( )
   {
    return(4.14);
}
```

```
};
class C: public A, public B
{
};
void main( )
{
 C thec;
cout <<thec.A::a( )<<end1;
cout<<thec.B::a ( )<<end1;
}
```

由于在类 A 和类 B 中都包括了名为 a 的公有成员函数，而类 C 是由类 A 和类 B 通过多重继承机制派生的，这样，如果我们使用了 C.a( )这样的表达式，编译器将无法知道我们想调用的究竟是由类 A 继承过来的函数 a，还是从类 B 继承过来的函数 a，这样就导致了二义性。幸而我们可以使用作用域限定符 "::" 来明确地告诉编译器调用的函数 a 是从类 A 继承的还是从类 B 继承的。

3.4　多态性和虚函数

多态性也称后约束（late binding）或动态约束（dynamic binding），它常用虚函数（virtual functions）来实现。

C++支持两种多态性，编译时的多态性和运行时的多态性。编译时的多态性通过使用重载函数获得，运行时的多态性通过使用继承和虚函数来获得。

联编是描述编译器决定在程序运行时，一个函数调用应执行哪段代码的一个术语，是实现多态性的基础。由于多态性是一个与实现有关的概念，因而难于理解和掌握。本节将重点集中于介绍运行时的多态性，并通过大量程序实例帮助读者更好地理解多态性。

3.4.1　多态性

多态性(Polymorphism)这个术语来源于两个希腊单词。poly 表示 "多" 的意思，morph 意为形态，所以多态性的真实含义为 "多种形态"。它是指 C++的代码可以根据运行情况的不同而执行不同的操作。简单地说，C++的多态性就是为同一个函数和运算符定义几个版本。重载函数和运算符的能力在程序设计中提供了更大的灵活性。这里我们列举一个例子以说明函数重载的一般方法。

程序 3-3　处理函数重载。
```
//**        LT3-3.cpp                    **
#include <iostream.h>
#include <stdlib.h>
#include <conio.h>
#include <stdio.h>
  class sqared
  {
  public:
    int aqu(int);
```

```
    double squ(doublie);
  long squ(long);
};
int squared:: squ(int intval)
{
int result;
result=intval*intval;
return(result);
}
double squared:: squ(double dbval)
{
double result;
result=dbval*dbval;
return(result);
}
long squared ::squ(long longval)
{
long result;
result=longval*longval;
return(return);
}
int main( )
{
  squared value;
clrscr( );
cout<<"The square of 3 is"<<value.squ(3)<<end1;
cout<<"The square of 3.5 is"<<value.squ(3.5)<<end1;
cout<<"The square of 6 is"<<value.squ(6L)<<end1;
return 0;
}
```

在这个例子中，类 squared 中有三个都叫 squ 的函数，三个函数分别处理整型、双精度及长整型的值。当调用 squ 函数时，参数的类型就决定了执行 squ 函数的版本。由此可见，多态性就是指对一个动作赋予一个名字或符号，该名字或符号在类层次的上下层中是共享的(即用同一个名字)，而层次中每一个类对该动作的实现是以其适合自己的方式来定义的。这通常不是由程序员直接控制的，而必须依靠 C++对象对自身进行跟踪。在实际的程序中，对象之间相互作用的方法可以任意组合，即使类等级很小，也会产生巨大的组合方式。因此，常常必须依靠对象的多态性来开发中型和大型工程。

由此可见，C++可以建立具有相同成员函数名的对象的等级结构，这些函数在概念上是相似的，但对各自的类来说，其实现又是不同的，因而对象在接收到同一函数调用时，所引起的行为也不同，即功能的多态性。函数具有相同的名字，但它们的作用不同，执行的效果也不一样，这就是这种对象被称为多态性的原因。所以在 C++中，多态性又被直观地称为"一个名字，多个函数"。

在 C++中，多态性的实现与联编这一概念有关。将一个函数调用链接上相应于函数体的代码，这一过程被称为函数联编(简称联编)。C++中有两种联编：静态联编和动态联编。

在 C++语言中，只有向具有多态性的函数传递一个实际对象时，该函数才能与多种可能的函数中的一种联系起来。换句话说，源代码本身并不总是能够说明某部分的代码是怎样执行的，源代码只指明函数调用，而不是说明具体调用哪个函数，这称为动态联编。在动态联编中，直到程序运行时才能确定调用哪个函数。

如果编译器根据源代码调用固定的函数标识符，然后由连接器接管这些标识符，并用物理地址代替它们，这就称为静态联编。静态联编是在程序编译时进行的。

静态联编的最大优点是速度快，运行时的开销仅仅是传递参数、执行函数调用、清除栈等。不过，程序员必须预测在每一种情况下，在所有的函数调用中，将要使用哪些对象，这不仅具有局限性，有时也是不可能的。

动态联编的问题显然是执行效率。这必须由代码本身在运行时刻推测调用哪个函数，然后再调用它。有些语言，如 Smalltalk，仅使用动态联编。仅用动态联编大大加强了语言的功能，但速度浪费也很严重。ANSI C 只使用静态联编，结果是速度快而灵活性不够。

静态联编所支持的多态性称为编译时的多态性，当调用重载函数时，编译器可以根据调用时所使用的实参在编译时就确定下来应调用哪个函数。动态联编所支持的多态性称为运行时的多态性，这由虚函数来支持。虚函数类似于重载函数，但与重载函数的实现策略不同，对虚函数的调用使用动态联编。

要获得多态性的对象，必须建立一个类等级，然后在派生类中重定义基类函数，该函数可被定义为重载函数或虚函数，以获得编译时的多态性对象或运行时的多态性对象。

（1）编译时的多态性

派生一个类的原因并非总是为了添加新的数据成员或成员函数，有时是为了重新定义基类的函数。

程序 3-4 编译时的多态性。

```
//**            LT3-4.cpp                **
  #include <iostream.h>
class point{
  private:
    float x, y;
public:
    void setpoint(float I, float j){
    x=I;
    y=j;
}
float area( ){return 0.0; }
};
const float pi=3.14159;
class circle : public point
{private:
  float radius;
public:
  void setradius (float r){radius=r; }
  float area( ){return pi*radius*radius; }
};
void main( )
{
point p;
```

```
float a=p.area( );
cout<<"The area of the point p is"<<a<<end1;
circle c;
c.setradius(2.5);
a=c. area( );
cout<<"The area of the circle c is"<<a<<end1;
}
```
程序运行结果为

```
  The area of the point p is 0
The area of the circle c is  19.634937
```
因为求点的"面积"与求圆的面积算法不一样，所以 circle 类中重定义了函数 area( )。

（2）运行时的多态性

对于上节例子中的 main( )函数，我们改为如下内容：

```
void main( )
{
  point *p;
  circle c;
  c .setradius(2.5);
  p=&c;
  float a=p—>area( );
  cout<<"The area of circle is"<<a<<end1;
}
```

程序运行结果为：

```
The area of circle is  0
```

由于 C++对重载函数使用静态联编，C++编译器在编译时假设 p 指向即 point 类的对象（因为这是 p 的类型）。根据指针的类型，C++编译器在编译时决定调用 point 类中定义的函数，因此，程序的输出结果不是我们所期望的。为此，需要将关键字 virtual 放在类中 area 函数的函数说明之前，通过动态联编来实现。即：

```
virtual float area( ){return 0.0; }
```
使用 virtual 修饰的成员函数称为虚函数。

这时程序的运行结果为：

```
The area of the circle c is 19.634937
```

关键字 virtual 指示 C++编译器，在运行时确定函数调用 p—〉area( )所要调用的函数，即对该调用进行动态联编。因此，程序在运行时根据指针 p 所指向的实际对象，调用该对象的成员函数。

由于动态联编是在运行时进行的，相对于静态联编，它的运行效率比较低，但它可以使程序员对程序进行高度抽象，设计出可扩充性很好的程序。

3.4.2　虚函数

为实现某种功能而假设的函数称作虚函数。虚函数只能是类中的一个成员函数，但不能是静态成员，关键字 virtual 用于类中该函数的说明。例如：

```
class A{
public:
  virtual void fun( );
```

```
};
void A ::fun( ){//……}
```

当在派生类中定义了一个同名的成员函数时，只要该成员函数的参数个数和相应类型以及它的返回类型与基类中同名的虚函数完全一样，则无论是否为该成员函数使用"virtual"它都将成为一个虚函数。在上节的例子中，派生类 circle 中的 area( )函数自动成为虚函数。

使用虚函数保证了在通过一个基类类型的指针(包括引用)调用一个虚函数时，C++系统对该调用进行动态联编。但是，在通过一对象访问一虚函数时，则使用静态联编。如果派生类中没有对基类的虚函数进行重定义，则它继承基类中的虚函数。上节派生的 circle 类重定义了函数 area( )，则在派生类 circle 中的 area( )函数仍然是虚函数。例如：

```
main( )
{
circle c;
c.setradius(2.5);
circle &c1=c;
cout <<c1.area( )<<end1;
point& p=c;
cout<<p.area( );
cout <<end1;
}
```

在调用中对虚函数使用成员名限定可以强制 C++对该函数的调用使用静态联编，例如，对上例的类等级有：

```
main( ) {
  circle c;
  c.setradius(2.5);
  circle& c1=c;
  cout <<c1.area( )<<end1;        //调用 circle ::area( )输出 19.634937
  point& p=c;
  cout<<p. point ::area( );       //调用 point ::area( )输出 0
cout <<end1;
}
```

（1）虚函数的访问权限

派生类中所定义的虚函数的访问权限不影响对它进行动态联编。例如，虽然上节的派生类中的 area ( )和基类中的 area( )的访问权限不一样，但它仍是虚函数，所以可以如下面这样使用它们：

```
    circle c;
c.setradius(2.5);
point& p=c;
p.area( );
```

一个类中的虚函数说明对派生类中重定义的函数有影响，对它的基类中的函数并没有影响。例如：

```
#include <iostream.h>
class A{
public:
  void func( ){cout<<"In A"<<end1; }
};
```

```
class B: public A{
  public:
    void func( ){cout<<"In B"<<end1; }
};
class C: public B{
public:
  void func( ){cout<<"In C"<<end1; }
};
```

A 类中的函数 func 不是虚函数，下面给出演示主程序。

```
void main( )
{
C c;
  c.func( );                  //调用C::func( )输出：In C
  c.B ::func( );              //调用B::func( )输出：In B
  c.A ::func( );              //调用A::func( )输出：In A
  A& a=c;
  a.func( );                  //A中不是虚基函数，调用A::func( )输出：In A
  B& b=c;
  b.func( );                  //调用C::func( )输出：In C
  b.B::func( );               //调用B::func( )输出：In B
```

（2）在成员函数中调用虚函数

在一个基类或派生类的成员函数中可以直接调用该类等级中的虚函数。

程序 3-5 在成员函数中调用虚函数。

```
//**         LT3-5.cpp                    **
#include <iostream.h>
class A{
public:
virtual void fun1( )
{cout <<"fun1( )－fun2( )"<<end1; fun2( ); }
void fun2( )
{cout <<"fun2( )－fun3( )"<<end1; fun3( ); }
virtual void fun3( )
{cout<<"fun3( )－fun4( )"<<end1; fun4( ); }
virtual void fun4( )
{cout<<"fun4( )－fun5( )"<<end1; fun5( ); }
void fun5( ){cout<<"The end"<<end1; }
};
class B: public A{
  public:
    void fun3( )
    {cout<<"(fun3－fun4)"<<end1; fun4( ); }
    void fun4( )
    {cout<<"(fun4－fun5)"<<end1; fun5( ); }
    void fun5( ){cout<<"all done"<<end1; }
};
```

```
void main( )
{
char c;
A *thing;
cout<<"select f for A,  other for B";
cin>>c;
if(c=='f')
thing=new A;
else
thing =new B;
thing—>fun1( );
delete thing;
}
```

由于对非虚函数调用是采用静态联编的，所以，程序不必运行，我们就能确定基类 A 中的函数 fun1( )中的调用语句 fun2( )，将调用它所在类中的函数 fun2( )，即 A::fun2( )。选择 f 的结果如下：

```
fun1( )—fun2( )
fun2( )—fun3( )
fun3( )—fun4( )
fun4( )—fun5( )
The end
```

对于虚函数，必须针对具体情况进行分析。当不选择 f 时，各成员函数的调用顺序如下：

```
A::fun1( )→A::fun2( )→B::fun3( )→B::fun4( )→B::fun5( )
```

这种情况可以通过 this 指针来分析。当执行 A::fun2( )时：

```
void A::fun2( )
{
 this—〉fun3( );
}
```

在上例情况中，this 指向 B，所以 A::fun2( )调用 B::fun3( )，而不是 A::fun3( )。即基类的成员函数 fun4( )调用 A::fun5( )，而派生类 B 中的成员函数 fun4( )将调用 B::fun5( )。输出结果如下：

```
fun1( )—fun2( )
fun2( )—fun3( )
fun3—fun4
fun4—fun5
all done
```

可以使用 DAG(有向无环图)来分析上例中对虚函数的调用过程，画出派生类以及它的基类组成的 DAG，在 DAG 中只列出虚函数名，图 3-2 是以类 B 为例的 DAG 图。

图 3-2　类 B 虚函数名的 DAG(有向无环图)图

删除 DAG 中被支配的名字，得到右边的 DAG，该 DAG 决定了实际对象为 B 的对象情况下虚函数的执行过程，即如果调用 fun3( )或 fun4( )的话，总是调用 B 中定义的虚函数，而若调用 fun1( )，则总是调用 A 中的虚函数。

可以使用成员名限定来阻止基类的成员函数调用派生类中的虚函数，例如：

```
void A::fun3( ){A::fun4( ); }
void B::fun3( ){A::fun4( ); }
```

这时，对 fun4( )的调用使用静态联编，即调用 A 中的 fun4( )。

（3）构造函数和析构函数调用虚函数

在构造函数和析构函数中调用虚函数时，采用静态联编，即它们所调用的虚函数是自己的类或基类中定义的函数，但不是任何在派生类中重定义的虚函数。下面给出一个具体的例子。

程序 3-6　在构造函数和析构函数中调用虚函数。

```
//**          LT3-6.cpp                   **
#include <iostreab.h>
class A{
public:
A( ){}
virtual void func( ){cout<<"Constructing A"<<end1; }
~A( ){}
virtual void fund( ){cout<<"Destructor A"<<end1; }
};
class B: public A{
public:
  B( ){func( ); }
  void fun( ){func( ); }
  ~B( ){fund( ); }
};
class C: public B{
public:
  C( ){fund( )}
  void fund( ){cout <<"Destructor C"<<end1; }
};
void main( )
{
C c;
c.fun( );
}
```

输出结果如下：

```
Constructing A            //建立对象 C 调用 B( )产生
Class C                   //c.fun( ) 输出
Destructor  C             //析构对象 C 时，由~C( )产生
Destructor  A             //析构对象 C 时调用~B( )产生
```

这是因为在建立 C 类的对象 c 时，它所包含的基类子对象在派生类中定义的成员建立之前被建立。在对象撤销时，该对象所包含的在派生类中定义的成员要先于基类子对象撤销的缘故。

（4）空的虚函数

派生类并不一定必须实现基类中的虚函数，如果派生类想通过虚函数机制存取虚函数，则必须建立一条从基类到派生类的虚函数路径。许多没有使用虚函数的中间类也必须声明该函数，以保证其后的派生类能使用该虚函数。可以通过声明空函数来达到此目的。

程序 3-7　使用空函数。

```cpp
//**            LT3-7.cpp                    **
#include <iostream.h>
class A{
  public:
  virtual void printOn( ){cout<<"Class A"<<end1; }
};
class B: public A{
  public:
  virtual void printOn( ){}
};
class C: public B{
public:
  virtual void printOn( ){cout<<"Class C"<<end1; }
};
void Show(A *a)
{
a->printOn( );
}
void main( )
{
A *a=new A;
B *b=new B;
C *c=new C;
Show(a);            //使用A::printOn( )
Show(b);            //do nothing
Show( c);            //使用C::printOn( )
}
```

因为类 B 并不需要 printOn( )函数，所以虚函数 B::printOn( )声明为空。声明它是为了保证 B 的派生类能使用类 A 的虚函数界面，使调用 show(c)能沿着从 A 对象的虚函数路径正确存取 C::printOn( )虚函数。

（5）纯虚函数与抽象类

在许多情况下，在基类中不能为虚函数给出一个有意义的定义，这时可以将它说明为纯虚函数。它的定义留给派生类来做。说明纯虚函数的一般形式为：

```cpp
class 类名{
  virtual 类型　函数名(参数列表)=0;
}
```

下面给出使用纯虚函数的一个简单例子。

程序 3-8　使用纯虚函数。

```cpp
//**            LT3-8.cpp                    **
#include <iostream.h>
```

```
class A{
public:
virtual void printOn( )=0;          //纯虚函数,作为类A的抽象类
};
class B: public A{
public:
virtual void printOn( ){cout<<"Class C"<<end1; }
};
void Show(A *a)
{
a->printOn( );
}
void main( )
{
B *b=new B;
C *c=new C;
Show(b);                          //使用 B ::printOn( )
Show( c);                         //使用 C ::printOn( )
}
```

在该例中,A 类中的虚函数 printOn( )仅起到为派生类提供一个一致的接口作用,派生类中重定义的 printOn( )用于决定显示内容,由于在 A 类中不能对此作决定。因此被说明为纯虚函数。

一个类可以说明多个纯虚函数,包含有纯虚函数的类称为抽象类。一个抽象类只能作为基类来派生新类,不能说明抽象类的对象,例如:

```
A a  //错
```

但可以说明指向抽象类对象的指针(和引用)。例如:

```
A *pa;
```

从一个抽象类派生的类必须提供纯虚函数的实现代码,或在该派生类中仍将它说明为纯虚函数,否则编译器将给出错误信息。例如:

```
class drived: public A{
        //…
        void printOn=0;
};
```

上例说明了纯虚函数的派生类仍是抽象类。如果派生类中给出了基类所有纯虚函数的实现,则该派生类不再是抽象类。

抽象类的这一特点保证了进入类等级的每个类都具有(提供)纯虚函数所要求的行为,这保证了围绕这个类等级所建立起来的软件能正常运行,避免了这个类等级的用户由于偶然的失误(遗忘为他所建立的派生类提供等级所要求的行为,例如上例中的 Show 函数)而影响系统正常运行。

抽象类至少含有一个虚函数,而且至少有一个虚函数是纯虚函数,以便将它与空的虚函数区分开来。下面是两种不同的表示方法:

```
virtual void printOn( )=0;           //纯虚函数
virtual void printOn( ){ }           //空的虚函数
```

在成员函数内可以调用纯虚函数,但在构造函数或析构函数内调用一个纯虚函数将导致

程序运行错误，因为没有为纯虚函数定义代码。例如：

```
class A{
public:
  virtual void f( )=0;
  void g( ){f( ); }           //正确
  A( ) {f( ); }               //错误
};
```

再给出一个例子以进一步说明它们的使用方法。

程序 3-9 编写一个程序，用于计算正方形、三角形和圆的总面积。

这个程序用于计算各类形状的总面积。由于尚不能确定该程序处理的具体形状，先定义一个抽象的 shape 类。

```
//**            shape .h                      **
class shape{
public:
    virtual float area( )=0;
};
float total (shape *s[ ], int n);
```

有了 shape 类，就可以开始设计求面积的程序：

```
//**       LT3-9.cpp                          **
#include "shape .h"
float total(shape *s[ ], int n)
{
float sum=0;
for (int I=0; I<n; I++)
sum+=s[I]->area( );
return sum;
}
```

该程序可以用于求各类形状的面积之和。对于具体种类的形状，通过从 shape 派生一个类来对其进行描述，以重用上面的代码，并且不用重新对这些代码进行编译。也就是说，可把函数 total( )放在一个程序库中，以便其他程序在需要时使用。例如：

```
//**            test.cpp                      **
#include <iostream.h>
#include "shape.h"
class trangle: public shape{
protected:
  float H, W;
public:
  triangle(float h,  float w){H=h; W=w; }
float area( ){return H*W*0.5; }
};
class rectangle: public triangle{
 public:
  rectangle(float h,  float w): triangle(h, w){}
  float area( ){return H*W}
};
```

```
class circle : public shape{
protected:
  float radius;
public:
  circle (float r){radius=r; }
float area( ){return radius*radius*3.14; }
};
void main( ){
 shape *s[4];
  s[0]=new triangle(3.0, 4.0);
  s[1]=new rectangle(2.0, 4.0);
  s[2]=new circle(8.0);
  float sum=total (s, 4);
  cout<<sum; }
```

在该例中 shape 类中的虚函数 area 仅起到为派生类提供一个一致的接口的作用，派生类中重定义的 area( )用于决定以什么样的方式计算面积。由于在 shape 类中不能对此作出决定，因此被说明为纯虚函数。

从此例子可以看出赋值兼容规则使我们可将正方形、三角形圆都视为形状的多态性又保证了函数 total 在对各种形状求面积之和时，无须关心当前正在计算哪种具体形状的面积。在需要时，函数 total 可从这些形状的对象那里获得该对象的面积，成员函数 area 保证了这点。

（6）多重继承与虚函数

多重继承可以被视为多个单一继承的组合，因此，分析多重继承情况下的虚函数调用与分析单一继承时有相似之处。例如设计下面的类：

```
class A{
  public:
    virtual void f( );
};
class B{
  public:
    virtual void f( );
    virtual void g( );
};
class C : public A,  public B{
public void f( );
}
```

并且假设有指针 pa、pb 和 pc 并说明如下：

```
A  *pa;
B  *b;
C  *pc;
pa=&c;
pb=&c;
pc=&c;
```

则下面的所有调用将实际调用 C 中的 f( )。即：

```
pa—>f( );
```

```
pb->f( );
pc->f( );
```

当虚基类带有虚函数时，则对虚函数的调用就比较复杂。需要根据这个类等级的情况才能决定实际对象情况下虚函数的执行过程。

特别地，通过这种继承结构中的一条路径，调用虚函数会导致激活在另一条路径中定义的虚函数。这是作为基类的兄弟类之间进行通信的一种极好方式。

3.4.3　虚函数的多态性

从前几节的讨论可知：虚函数是用在类等级中的。除了在某些继承等级中安排类之外，虚函数没有太多的意义。通常一个概念上相似的虚函数可以适用于许多类，这说明许多类也可以有公共的虚函数。所以我们说虚函数改善了类用户接口。在实际使用中，例如，类 C 通过类 A 的引用存取函数 C ::Fun( )，类 C 与类 A 之间通过类 B 联系，虽然类 A 和类 B 都必须声明虚函数 Fun( )，如果已知这些类并不需要函数 Fun( )，就可以用空的虚函数来实现它们。

在实际类等级中，顶层的成员总有很多空的虚函数(有时仅含空的虚函数)甚至纯虚函数，这样做只是为了向树中低层等级的类提供良好的界面。

在 C++中，虚函数能帮助实现多态性。当虚函数被调用时，尽管当前对象的类型直到运行时才知道，但仍将执行适用于当前对象的函数。

多态成员函数的说明是在基类定义中，在函数名之前使用关键字 virtual 实现的。当一个函数被说明为 virtual 时，则它在所有派生类中都是虚的，甚至当派生类的定义中并没有明确提到这一点也是如此。C++的这一继承特性使得类的家族关系稳定。但在使用时千万要注意，在派生类中，一个说明为 virtual 的函数在基类中不是自动就是虚的。即：

```
class B{
  public:
    virtual int fun(double);
    int g(double);              //不是虚函数
    };
class D: public B{
public:
    int fun(double);            //因为在类 B 中的 fun( ) 是虚函数，所以这里也是虚函数
    virtual int g(double);      //尽管声明为虚函数，但类 B 中的 g( ) 仍然不是虚函数
};
```

多态与简单的隐蔽很容易混淆。当派生类重新定义了基类中的虚函数时，这种情况就属于多态性。当基类和派生类各自有一个有相同变量的函数，但此函数并没有在基类中被说明为"virtual"时，作用域规则就会起作用。

程序 3-10　多态与简单隐蔽的例子。

```
//**        LT3-10.cpp                    **
#include <iostream.h>
  class A{
  public:
    virtual void fa(void){cout <<"A ::fa"<<end1; }
    void fb(void){cout<<"A ::fb"<<end1; }
};
class B: public A{
public :
```

```
    void fa(void){cout<<"B::fa"<<end1; }//多态 fa( )
    void fb(void){cout<<"B::fb"<<end1; }//隐蔽 A ::fb( )
    };
void main( )
{
A *pa=new A;
A *pb=new B;
cout <<"A* pointer , A object"<<end1;      //1
pa->fa( );                                  //2
pb->fb( );                                  //3
cout<<"A * pointer , B object"<<end1;       //4
pb->fa( );                                  //5
pb->A::fa( );                               //6
pb->fb( );                                  //7
((B *)pb)->fb( );                           //8
}
```

两个指针都被说明为指向对象 A 的指针，虽然只有 pa 实际指向对象 A-::pb 指向对象 B。由于 fa( )是一个虚函数，对象的实际类型决定了哪一个 fa( )被调用，除非使用一个显式覆盖。由于 fb( )是一个普通函数，作用域原则决定了哪一个 fb( )被调用。

表 3-2 给出更详细的情况。

表 3-2　详细情况表

标号	输出结果	解释说明
1		
2	A ::fa( )	多态。一个指针指向 A，因此 A 的 fa( )被调用
3	A ::fb( )	作用域原则。使用一个 A*指针，因此 A 的 fb( )被调用
4	A * pointer ，B object	
5	B ::fa( )	多态。一个指针指向 B，因此 B 的 fa( )被调用。指针的类型无关紧要
6	A ::fa( )	多态的显示调用。作用域分辨符 ":::" 说明 A 的 fa( )应被调用
7	A ::fb( )	作用域原则。使用一个 A*指针，因此 A 的 fb( )应被调用。对象的类型无关紧要
8	B ::fb( )	作用域原则的显示调用。A*指针被转换成 B*指针，因此 B 的 fb( )被调用

在基类和派生类中，使用相同的名字和参数表的函数会令人混淆不清。如果多态的功能强大，应予提倡，否则就应该避免。派生类中的隐藏基类成员太难以捉摸，所以也不提倡，应避免使用。

3.4.4　虚析构函数

目前推荐的 C++标准不支持虚构造函数。由于析构函数不允许有参数，因此一个类只能有一个虚析构函数。

虚析构函数使用说明 virtual。例如：

```
   class A{
public:
```

```
    A( ){}
    virtual ~A( ){cout <<"A:: ~A( ) called"<<end1; }
};
class B: public A{
public:
    B( ){}
    ~B( ){cout <<"B:: ~B( ) called"<<end1; }
};
```

程序 3-11 在构造函数和析构函数中调用虚函数。

```
//**           LT3-11.cpp                      **
  #include <iostream.h>
class A{
    public:
    A( ){}
    virtual ~A( ){cout<<"Destructor A"<<end1; }
};
class B: public A{
  public:
    B( ){}
    ~B( ){cout <<" Destructor A"<<end1; }
};
```

只要基类的析构函数被说明为虚函数，则派生类的析构函数，无论是否使用 virtual 进行说明，都自动地成为虚函数。

delete 运算符和析构函数一起工作(new 和构造函数一起工作)，当使用 delete 删除一个对象时，delete 隐含着对析构函数的一次调用，如果析构函数为虚函数，则这个调用采用动态联编。例如下面的程序：

```
  void main( )
{
A *pa =new B;
delete pa;
}
```

程序输出如下：

```
Destructor B
Destructor A
```

基类的析构函数由派生类的析构函数调用，所以，程序产生上述输出。如果析构函数不是虚函数，则语句

```
delete pa;
```

将根据 pa 的类型调用 A 的析构函数，这时程序输出为：

```
Destructor A
```

一般说来，如果一个类中定义了虚函数，析构函数也应说明为虚函数，尤其是在析构函数要完成一些有意义的任务时，例如，释放内存等。

如果基类的析构函数为虚函数，则在派生类未定义析构函数时，编译器所生成的析构函数也为虚函数。

3.5 类的应用示例

程序 3-12 银行存款的类定义。

分析：银行的存款类分别为 savings(储蓄类)和 checking(结算类)。对银行的储蓄类的操作有：deposit( ) （存款），withdrawal(取款)，account no(取银行账号)，acntbalance(取账户中的余额)。对于结算类与储蓄类不同是对于结算存款的方式，因此在定义类时要克服类定义中的冗余，可以将两个类分解为三个类：savings、checking、account 类，使得 account 类中包含了储蓄类和结算类所有的共同特征。相应的类代码如下：

```cpp
//**        account .h                    **
#ifndef account
#define account
class Account
{
public:
    Account(unsigned accno , float balan=0.0);
    int Accountno( );
    float Acntbalan( );
    static Account *first( );
    Account *next( );
    static int Noaccount( );
    void display ( );
    void Deposit(float amount);
    virtual void Withdrawal(float amount);
protected:
    static Account  *pfirst;
    Account  *pnext;
    static int  count;
    unsigned  acntnumber;
    float  balance;
}
#endif

//**        account .cpp                    **
#include <iostream.h>
#include "account.h"
Account  *Account :: pfirst=0;          //链表为 0
int Account :: count=0;                 //账户个数为 0
Account ::Account(unsigned accno , float balan=0.0)
{
acntnumber=accno;
bnlance=balan;
count++;
if (pfirst = =0 )
```

```cpp
pfirst=this;                                    //插入一个新的账户
else
{
for (Account *ps=pfirst; ps->pnext; ps=ps->pnext);      //找到最后一个结点
ps->pnext=this; //插入本结点
}
pnext=0;
}
int Account :: Accountno( )
{
return acntnumber;
}
float Account :: Acntbalan( )
{
return acntbalance;
}
static Account * Account :: First( )
{
return pfirst;
}
Account* Account ::Next( )
{
return pnext;
}
Static int Account ::NoAccounts( )
{
return  count;
}
void Account :: Display( )
{
cout<< "Account number: " <<acntnumber
<< "="<<balance <<endl;
}
viod Account :: Deposit(float amount)
{
balance+=amount;
}
viod Account :: Withdrawal(float amount)
{
return;                          //不做任何事
}

//**      savings.h                    **
#ifndef savings
#define savings
#include "account.h"
```

```
class savings: public Account
{
public:
 Savings(unsigned accno，float balan=0.0);
virtual void Withdrawal(float amount);
protected:
static float minbalance;
};
#endif


//**      savings.cpp                    **
#include <iostream.h>
#include "account.h"
#include "savings.h"
static Savings ::minbalance=400.0;          //设置透支的最大额
Savings ::Savings(unsigned accno，float balan=0.0)
     : Account(accno，balan){ }
virtual void Savings ::Withdrawal(float amout)
{
if (balance +minbalance<amount)
cout<<"insufficient funds :balance"<<balance
   <<",withdrawl"<<temp<<end1;
else
balance-=amount;
}


//**      checking.h                   **
#ifndef  checking
  #define checking
#include "account.h"
enum remit(by post，by cable, other);      //设汇款的方式邮汇、电汇、其他
class Checking: public Account
{
public:
Checking(unsigned accno，float balan=0.0);
virtual void Withdrawal(float amount);
void Setremit(remit re);
protected:
remit remitta;
};
#endif


//**      checking cpp                  **
#include <iostream.h>
#include "account.h"
#include "checking.h"
```

```
Checking::Checking(unsigned accno, float balan=0.0)
        : Account(accno, balan)
{
remitta=other;                             //设置汇款的方式为其他
}
virtual void Checking ::Withdrawal(float amount)
{
float temp=amount;
if(remitta =by post)                       //如果为邮汇需加手续费 30
temp=amount +30;
else if(remit=by cable)                    //如果为邮汇需加手续费 60
temp=amount+60;
if (balance<temp)
cout <<"存款余额不足: "<<balance
    <<", 储蓄余额: "<<amount<<end1;
else
balance-=temp;
}
void Setremit(remit re)
{
remitta=re;
}
```

3.6   小结

C++支持类的继承机制。继承是面向对象设计的关键概念之一。有了继承，才使面向对象的程序设计真正进入了实用。

派生类可以继承基类的所有公有和保护的数据成员和成员函数。

保护的访问权限对于派生类来说是公有的，而对于其他的对象来说是私有的。即使是派生类也不能访问基类中私有的数据成员和成员函数。

构造函数可以在它的函数体之前进行初始化。此时调用基类的构造函数并把参数传递给它。

在派生类中允许重载基类的成员函数。如果基类中的函数是虚函数，当使用指针或引用访问对象时，将实际运行的指针所指向的对象类型来调用派生类的函数。

通过加上类名和两个冒号作为前缀，可以显式的调用基类中的成员。

纯虚函数是一个没有定义函数语句的基类函数，纯虚函数的值是 0。派生类必须为每个基类纯虚函数提供一个相应的函数定义。

C++支持多重继承，从而大大增强了面向对象程序设计的能力。

多重继承是一个类从多个基类派生而来的能力。派生类实际上获取了所有基类的特性。

当一个类是两个或多个基类的派生类时，必须在派生类名和冒号之后，列出所有基类的类名，基类间用逗号隔开。

派生类的构造函数必须激活所有基类的构造函数，并把相应的参数传递给它们。

派生类可以是另一类的基类，这样，相当于形成了一个继承链，当派生类的构造函数被激活时，它的所有基类的构造函数也都被激活。

在面向对象的程序设计中，继承和多重继承一般指公有继承。在无继承的类中，protected 和 private 控制符是没有差别的。在继承中，基类的 private 对所有的外界都屏蔽（包括自己的派生类），基类的 protected 控制符对应用程序是屏蔽的，但对其派生类是可以访问的。

保护继承和私有继承只是在技术讨论时有其一席之地。

习 题 3

名词解释题

（1）继承　　　　（2）单一继承　　　（3）多重继承　　　（4）类的派生
（5）支配规则　　（6）虚函数　　　　（7）重载函数

问答题

（1）什么是 C++的多态性?它是通过什么函数来实现的?

（2）什么是虚函数?虚函数的作用是什么?

（3）空的虚函数有什么作用?

（4）当从现成类中派生出新类时，可以对派生类做哪几种变化?

（5）C++中有哪几种继承？它们有什么区别?

（6）访问控制的作用是什么?

（7）在公有派生类中，哪些原则适用于被继承的基类成员?

（8）在私有派生类中，哪些原则适用于被继承的基类成员?

（9）请写出 C++中，单一继承和多重继承的一般形式。

（10）何谓不可访问？它是怎样得来的?

（11）何谓赋值兼容规则？它主要针对哪几种情况?

（12）什么是作用域分辨？写出作用域分辨操作符的一般形式。

（13）派生类如何实现对基类私有成员的访问?

（14）保护成员有哪些特性?

（15）多重继承时，构造函数和析构函数的执行顺序是怎样的?

（16）两义性是如何产生的?

（17）在类的派生中为何要引入虚基类?

填空题

（1）C++共有两种继承（即＿＿＿继承和＿＿＿继承）和三种派生（即＿＿＿派生＿＿＿派生和＿＿＿＿派生）。

（2）通过特殊化已有的类来建立新类的过程叫作"＿＿＿＿"原有的类叫作"＿＿＿＿"，新建立的类叫作"＿＿＿＿＿＿"。派生自动地将基类的所有成员作为自己的成员，这叫作"＿＿＿＿"。

（3）派生类可以用作另一个派生类的＿＿＿＿，这样建立的类系称为类的＿＿＿＿。基类和派生类又可以分别叫作"＿＿＿＿"。

（4）从现存类中派生出新类时，可以用派生类对其从父类继承的性质进行限制或删除（这称作性质＿＿＿＿），也可以对父类的性质进行增加（这就是性质＿＿＿＿）。

（5）"＿＿＿＿"用于规定基类成员在派生类中的访问权限，即基类成员在派生类中是公有的还是私有的，其取值通常是两个关键字＿＿＿＿和＿＿＿＿中的一个。

（6）在类定义中，在关键字＿＿＿＿之后说明的成员称保护成员。保护成员具有双重角色：对派生类的成员函数而言，它是＿＿＿＿成员，但对在所在类之外定义的其他函数而言则是＿＿＿＿

成员。

（7）对于基类来说，其成员可能的访问级别是＿＿＿＿、＿＿＿＿和＿＿＿＿。但是在派生类中，可以存在第四种访问级别：＿＿＿＿。

（8）不可访问成员总是由基类继承来的，要么是基类的＿＿＿＿要么是基类的＿＿＿＿。

（9）C++语言规定，派生类的成员函数可以直接访问基类的＿＿＿＿成员和＿＿＿＿成员，但不能直接访问基类的＿＿＿＿成员。

（10）如果一个派生类从多个基类派生，而这些基类又有一个共同的基类，则在这个派生类中访问这个共同的基类中的成员时会产生＿＿＿＿。

（11）在 C++中，如果在多条继承路径中有一个公共的基类，如果想使这个公共的基类只产生一个拷贝，则可以将这个基类说明为＿＿＿＿，使用关键字＿＿＿＿来说明。

单选题

在下列各题的备选答案中，选出一个正确答案，并将其号码填写在题目中的括号内。

（1）用于类中虚成员函数说明的关键字是（　　　）。

（A）virtual　　　　（B）public　　　　　（C）protected　　　　（D）private

（2）编译时多态性通过使用（　　　）获得。

（A）继承　　　　　（B）虚函数　　　　　（C）重载函数　　　　（D）析构函数

（3）在调用中对虚函数使用（　　　）。

（A）关键字　　　　（B）指针　　　　　　（C）引用　　　　　　（D）成员名限定

（4）以下哪个基类中的成员函数表示纯虚函数（　　　）。

（A）virtual void vf (int)　　　　　　　（B）void vf(int)=0

（C）virtual void vf( )=0　　　　　　　（D）virtual void vf(int){}；

（5）下面叙述不正确的是（　　　）。

（A）派生类一般都是公有派生

（B）对基类成员的访问必须是无两义性的

（C）赋值兼容规则也适用于多重继承的场合

（D）基类的公有成员在派生类中仍然是公有的

（6）下面叙述不正确的是（　　　）。

（A）基类的保护成员在派生类中仍然是保护的

（B）基类的保护成员在公有派生类中仍然是保护的

（C）基类的保护成员在私有派生类中是私有的

（D）对基类成员的访问必须是无两义性的

（7）继承具有（　　　），即当基类本身也是某一个类的派生类时，底层的派生类也会自动继承间接基类的成员。

（A）规律性　　　　（B）传递性　　　　　（C）重复性　　　　　（D）多样性

（8）在多重继承中，公有派生和私有派生对于基类成员在派生类中的可访问性与单一继承的规则（　　　）。

（A）完全相同　　　（B）完全不同　　　　（C）部分相同，部分不同（D）以上都不对

（9）（　　　）提供了类对外部的接口，（　　　）是类的内部实现，而（　　　）不允许外界访问，但允许派生类的成员访问，这样既有一定的隐藏能力，又提供了开放的接口。

（A）公有成员　　　　　　　　　　　　　（B）私有成员

（C）保护成员　　　　　　　　　　　　　（D）私有成员函数

（10）下列对派生类的描述中错误的是（　　　）。

（A）一个派生类可以作另一个派生类的基类

（B）派生类至少有一个基类

（C）派生类的成员除了它自己的成员外，还包含了它的基类的成员

（D）派生类中继承的基类成员的访问权限在派生类中保持不变

（11）对基类和派生类的关系描述中错误的是（　　　）。

（A）派生类是基类的具体化

（B）派生类是基类的子集

（C）派生类是基类定义的延续

（D）派生类是对基类的改造

（12）下列关于保护派生的说法中错误的是（　　　）。

（A）保护派生建立类属关系

（B）保护派生类不能用在它们的基类使用的地方

（C）在保护派生中，公有基类成员在派生类中是保护的

（D）在保护派生中，对基类成员的访问能力与公有派生情况下是一样的

（13）下列关于派生类初始化列表的说法中错误的是（　　　）。

（A）如果派生类包括对象成员，对对象成员的构造函数的调用在初始化列表中进行

（B）如果派生类包括对象成员，基类构造函数的执行顺序是：基类的构造函数被先调用，派生类的构造函数次之，最后执行对象成员的构造函数

（C）如果派生类包括对象成员，基类构造函数的执行顺序是：基类的构造函数被先调用，对象成员的构造函数次之，最后执行派生类的构造函数

（D）在有多个对象成员的情况下，这些对象成员的调用顺序取决于它们在派生类中被说明的顺序

（14）在派生类构造函数的成员初始化列表中不能包含（　　　）。

（A）基类的构造函数

（B）基类的对象成员的初始化

（C）派生类中对象成员的初始化

（D）派生类中一般数据成员的初始化

（15）设置虚基类的主要目的是（　　　）。

（A）简化程序　　　　　　　　　　　　（B）消除二义性

（C）提高运行效率　　　　　　　　　　（D）减少目标代码

（16）带有虚基类的多层派生类构造函数的成员初始化列表中都要列出虚基类的构造函数，这样将对虚基类的子对象初始化（　　　）。

（A）一次　　　　　　　　　　　　　　（B）两次

（C）多次　　　　　　　　　　　　　　（D）与虚基类下面的派生类个数有关

（17）在 C++ 中，对虚基类构造函数的调用（　　　）普通基类的构造函数。

（A）总是先于　　　　　　　　　　　　（B）总是后于

（C）按自然顺序　　　　　　　　　　　（D）按对象声明顺序

（18）可以用 p.a 的形式访问派生类对象 p 的基类成员 a，其中 a 是（　　　）。

（A）私有继承的公有成员　　　　　　　（B）公有继承的私有成员

（C）公有继承的保护成员　　　　　　　（D）公有继承的公有成员

（19）继承机制的作用是（　　　）。

（A）信息隐藏　　　（B）数据封装　　　（C）定义新类　　　　（D）数据抽象

多选题

在下列各题的备选答案中，选出所有的正确答案，并将其号码填写在题目中的括号内。

（1）使用虚函数保证了在通过一个基类类型的(　　)调用一个虚函数时，C++系统对其进行动态联编。

（A）对象　　　　　　　　（B）引用　　　　　　　　（C）指针

（2）C一中有哪几种联编（　　　）。

（A）静态联编　　　　（B）静联编　　　　　　（C）动联编　　　　　　　　（D）动态联编

（3）抽象类应含有（　　　）。

（A）至多一个虚函数　　　　　　　　　　（B）至多一个虚函数是纯虚函数

（C）至少一个虚函数　　　　　　　　　　（D）至少一个虚函数是纯虚函效

（4）一个抽象类不能说明为（　　　　）。

（A）指向抽象类对象的指针　　　　　　　（B）指向抽象类对象的引用

（C）抽象类的对象

（5）下面叙述正确的是（　　　）。

（A）成员的访问能力在私有派生类和公有派生类中是不同的

（B）基类的私有成员在公有派生类中不可访问

（C）基类的不可访问成员在公有派生类中可访问

（D）公有基类成员在保护派生中是保护的

（6）下面叙述正确的是（　　　）。

（A）在根类和派生类中均有 4 种访问级别

（B）在根类和派生类中均有 3 种访问级别

（C）基类中的公有成员在私有派生类中是私有的

（D）A 和 C 是对的

（7）派生类的对象对它的基类成员中（　　　　）是可以访问的。

（A）公有继承的公有成员　　　　　　（B）公有继承的私有成员

（C）公有继承的保护成员　　　　　　（D）私有继承的公有成员

（8）下面说法正确的是（　　　）。

（A）对于单一继承，一个派生类只能有一个基类

（B）对于单一继承，一个基类只能产生一个派生类

（C）对于多重继承，一个派生类可以有多个基类

（D）对于多重继承，一个基类只能产生一个派生类

（9）下面说法错误的是（　　　）。

（A）在多重继承情况下，基类构造函数执行顺序按它们在初始化列表中的顺序调用

（B）构造函数和析构函数是不被继承的，所以一个派生类只能调用它的直接基类的构造函数

（C）成员初始化列表是在它所出现的构造函数中求值的，因此可以在参数表中使用类中的成员

（D）建立派生类的对象时，基类的构造函数被先调用，对象成员的构造函数次之，最后执行派生类的构造函数

（10）关于多重继承两义性的描述中正确的是（　　　　）。

（A）一个派生类的两个基类中都有某个同名成员，在派生类中对这个成员的访问可能出现两义性

（B）解决两义性的最常用的方法是对成员名的限定法

（C）基类和派生类中同时出现的同名函数也存在两义性问题

（D）一个派生类是从两个基类派生来的，而这两个基类又有一个共同的基类，对该基类成员进行访问时，也可能出现两义性

编程题

（1）下面定义了一个类 cornplex 带并定义了重载函数 greater，用来比较不同类型的两个数的大小。要求写一主函数以不同类型的参数形式测试类。

```
#include <iostram.h>
#include <math.h>
class complex{
double real，imag；
public:
  complex(double r){real=r; imag=0; }
  void assign(double r, double I){real=r; imag=I; }
void print( ){cout<<real<<"+"<<imag<<"i"; }
};
inline int grater (int I, int j){return (I>j ?I: j)}
inline double greater(double x, double y)
{return (x>y ?x: y); }
inline complex greater(complex w, complex z)
{return (w>z ?w: z); }
```

（2）对第（1）题定义的类 complex，给出将 int 转换为一个 complex 的构造函数。再写一个从 complex 至 double 的显式转换。

（3）对第（1）题的类 complex，写出下列二元操作符函数：加法、乘法和减法，每一个函数都应返回 complex。

（4）下面定义了有关虚函数的类，写出主函数，定义三个不同类的对象，再定义一个类 A 的指针变量 pa，并利用该指针分别访问三个类的 printi 函数。

```
class A{
public:
  int I；
  virtual void printi( ){cout<<I<<"inside A"<<end1; }
};
class B1: public A{
  public:
  void printi( ){cout<<I<<"inside B1"<<end1; }
  };
  class B2: private A{
   public:
B2( ){A::I=4; }
int I；
void printi( ){cout <<I<<"inside B.A::I is"<<A::I<<end1; }
};
```

第4章　特殊成员函数

本章将讨论一些特殊的成员函数。静态成员为所有的对象共享，静态成员相当于局部类中的"全局变量"，为该类的所有对象所共享。友元允许存取类的对象的私有成员，它保证了程序的效率，并为扩充类的接口提供了一定的灵活性，但在使用中应慎重，因为它破坏了封装。本章还将讨论转换函数，当进行运算符重载时，应定义恰当的转换函数，以保证用户定义的类型的操作数和预定义类型的操作数可以在一个表达式中混用。

本章还将介绍 const 对象、volatile 对象，指针在类、数组在类中的应用等内容。

4.1　静态成员

简单成员函数是指声明中不含 const、volatile、static 关键字的函数。如果类的数据成员或成员函数使用关键字 static 进行修饰，这样的成员称为静态数据成员或静态成员函数，统称为静态成员。例如：

```
class Test{
  public:
    static int x;            //静态数据成员
    static void fun( );      //静态成员函数
};
```

静态成员函数与一般成员函数有下列不同之处：

① 可以不指向某个具体的对象，只与类名连用。

② 没有 this 指针，所以除非显式地把指针传给它们，否则不能存取类成员数据。

静态成员为该类的所有对象所共享，它们被存储于一个公用内存中。例如：

```
Test b, c;
b .x=25;
cout<<c.x;                //输出 25
```

在类中仅对静态数据成员进行了引用性说明，必须在文件作用域的某个地方进行定义性说明，并且这种说明只能有一次。例如：

```
int Test ::x;
```

在说明中也可以进行初始化，例如：

```
int A ::x=50;
```
注意：在说明中要对数据成员进行成员名限定。

除静态数据成员的初始化之外，静态成员遵循类的其他成员所遵循的访问限制。即使还没有建立对象，静态成员就已经存在了。对于公有成员，可以使用成员名限定对其进行访问。例如下面的程序：

```
//**            test1.cpp                **
#include <iostream.h>
class Test {
public:
  static int x;
};
int Test ::x=25;
void main( ){
cout <<Test ::x;          //输出 25
```

由于数据隐藏的需要，静态数据成员通常被说明为私有的，而通过定义公有的静态成员函数来访问静态数据成员。例如：

```
//**            test2.cpp                **
# include <iostream.h>
class Test{
private:
static int x;
public:
  static int func( );
};
int Test ::x=15;
int Test ::func( )
{
return x;
}
void mian( )
{
cout <<Test ::func( )<<end1;        //输出 15
Test a;
cout <<a.func( )<<end1;        //输出 15
}
```

注意：由于 static 不是函数类型中的一部分，所以在类定义之外定义静态成员函数时，不使用 static。在类中定义的静态成员函数是内联的。

一般来说，通过成员名限定访问静态成员，比使用对象名访问静态成员要好，因为静态成员不是对象的成员。

静态成员可以被继承，这时，基类对象和派生类的对象共享该静态成员，除此之外，在类等级中对静态成员的其他特性(例如，静态成员在派生类中的访问权限，在派生类中重载成员函数等)的分析与一般成员类似。

类中的任何成员函数都可以访问静态成员，但静态成员函数只能通过对象名(或指向对象的指针)访问该对象的非静态成员，因为静态成员函数没有 this 指针。例如：

```
# include <iostream.h>
class Test
{private:
  int a;
  static int x;
public:
  void func( );
  static void sfunc(Test& r);
};
void Test ::func( )
{
x=25;
}
void Test ::sfunc(Test& r)
{
a=25;              ///错误
r.a=25;            //正确
}
```

静态成员函数不能被说明为虚函数。

静态成员具有外部连接属性,static 仅有的含义是使该成员为该类的所有对象共享。下面的例子说明使用静态数据成员和静态成员函数的意义。

程序 4-1 某商店经销一种货物,货物成箱购进,成箱卖出,购进和卖出时均以重量为单位,各箱的重量不一样,因此,商店需要记录下目前库存的货物的总重量,现要求用 C++ 语言把商店货物购进和卖出的情况模拟出来。

显然应将这类货物用一个类来描述,而每箱货物作为这个类的对象。每箱货物有重量,因此应有一个数据成员来表示这箱货物的重量。由于总重量是这类货物的总重量,因此,在该类中使用一个静态数据成员来记录它。

```
//**            goods .h                  **
class goods{
private:
  static int totalWeight;
  int weight;
public:
  goods(int w)
  {
  weight=w;
  totalWeight+=w;
  }
  goods(goods& gd)
  {
  weight=gd. weight;
  totalWeight +=weight;
  }
  ~goods( )
  {
```

```
      totalWeight -=weight;
    }
  int getwg( )
  {
  return weight;
  }
  static int getTotal( )
  {
  return totalWeight;
  }
  };
```

从这个类定义中，我们可以看出设计思想：每当购进一箱货物，构造函数将这箱货物的重量加到总重量上，而当卖出一箱货物时，相当于一个对象消失，析构函数将这箱货物的重量从总重量中减去，这使使用这个类的程序编写量减少许多。下面是使用它的主程序。

```
//**       LT4-1.cpp                        **
#include "goods.h"
#include <iostream.h>
int goods ::totalWeight=0;
void main( )
{
int w;
cout <<"The initial weight of goods: "
    <<goods ::getTotal( )<<end1;
cin>>w;
goods g1(w);
cin >>w;
goods g2(w);
cout <<"The goods weight of goods: "
    <<goods ::getTotal( )<<end1;
}
```

运行这个程序，如果输入的数据是 25 和 60，则这个程序输出为：

```
The initial weight of goods : 0
The goods weight of goods: 85
```

注意：由于构造函数影响到该类的对象之外的静态成员，为防止初始化中出现问题，类 goods 定义了一个复制初始化构造函数。

4.2 友元函数

有时两个概念上相近的类要求其中一个可以无限制地存取另一个的成员。例如，一个链表的实现需要一个类代表单个结点，另一个处理链表本身。链表成员由表管理者存取，但管理者也需要能完全存取结点类的成员。

友元函数(简称友元)解决了这类难题。友元可以存取私有成员、公有成员和保护成员。其实，友元可以是一个类或函数，尚未声明的类也可以作为友元来引用。为了容易理解，我们先讨论使用函数作为友元函数。

一个类的这种友元函数是在该类中说明的一个函数，它不是该类的成员，允许访问该类的所有对象的私有成员、公有成员和保护成员。在函数说明之前，使用关键字 friend 来说明一个友元函数。

程序 4-2　使用友元函数计算两点距离的例子。

```
//**            LT4-2.cpp                    **
# include <iostream.h>
#include <math.h>
class Location{
private:
  float X, Y;
public:
  Location(float xi, float yi)
{
  X=xi; Y=yi;
}
float GetX( ){return X; }
float GetY( ){return Y; }
friend float distance(point& a , point& b);
};
float distance(Location& a, Location& b)
{
float dx=a.X -b.X;
float dy=a.Y-b.Y;
return sqrt(dx*dx + dy*dy);
}
void main( )
{
Location p1(3.5，5.5), p2(4.5，6.5);
float d=distance(p1, p2);
cout<<"The distance is "<<d;
}
```

在这个程序中，函数 distance 被说明为类 Location 的友元。由于友元不是 Location 类的成员，所以没有 this 指针，在访问该类的对象的成员时，必须使用对象名，而不能直接使用 Location 类的成员名。

由上可见，友元函数其实就是一个一般的函数，仅有的不同点是：它在类中说明以访问该类的对象的私有成员。

虽然友元是在类中说明的，但其名字的作用域在类外，作用域的开始点、结束点和类名相同。因此，友元说明可以代替该函数的函数说明。

友元说明可以出现于类的私有或公有部分，这没有什么差别。程序员应将友元看作类的接口的一部分，因为友元说明也必须出现在类中。

使用友元函数的主要目的是为了程序的效率。友元函数由于可以直接访问对象的私有成员，因而省去了调用类的成员函数的开销。它的另一个优点是类的设计者不必在考虑好该类的各种可能使用情况之后才能设计这个类，类的使用者可以根据需要，通过使用友元增加类的接口。但使用友元的主要问题是：它允许友元函数访问对象的私有成员，这破坏了封装和数据隐藏，导致程序的可维护性变差，因此在使用友元时必须权衡得失。

（1）将成员函数用作友元

一个类的成员函数(包括构造函数和析构函数)可以说明为另一个类的友元。例如：

```
class two;                          //先声明
class one{
private:
    int a;
public:
    void func(two&);
}
class two {
private:
    int b;
    friend void one ::func(two&);    //友元
};
void one ::func(two& r)
{
    a=r.b;
}
```

注意：只有在给出了成员函数 func( )所在的类 one 的定义性说明之后，才能将类 one 的一个成员函数说明为类 two 的友元。

（2）一个类说明为另一个类的友元

可以将一个类说明为另一个类的友元。例如：

```
class one{
private:
  int a;
  friend class two;
}
class two{
  void func(one& s);
};
void two ::func(one& s)
{
cout<<s.a;
}
```

这样，类 two 的所有成员函数都是类 one 的友元。

但是要注意，这时的友元关系是不传递的，即当说明类 A 是类 B 的友元，类 B 又是类 C 的友元时，类 A 却不是类 C 的友元。这种友元关系也不具有交换性，即当说明类 A 是类 B 的友元时，类 B 不一定是类 A 的友元。

当一个类要和另一个类协同工作时，使一个类成为另一个类的友元是很有用的。

（3）友元和派生类

友元关系是不能继承的。例如：

```
class A{
friend class B;
  int a;
```

```
};
class B{};
class C: public B{
void func(A *pt);
};
void C::func(A *p){
pt—>a++;              //错误
}
```

尽管类 C 从类 A 的一个友元派生，但是类 C 不是类 A 的友元。

虽然一个派生类的友元可以访问基类的公有和保护成员，但这个基类必须是派生类的直接基类。当友元访问基类的静态保护成员时，不能使用成员名限定方法。

友元说明与访问控制无关。友元说明在私有区域进行或在公有区域进行是没有多大区别的。友元关系是无等级的。友元可以访问任何一个类成员函数可以访问的对象，这比一个派生类可以访问的对象还要多。

注意：虽然友元函数的声明可以置于任何部分，但通常置于第一部分以使其直观，而且通常把它放在等价成员函数可能出现的地方。对友元函数声明的唯一限制是该函数必须出现在类声明内的某一部分。

4.3　const 对象和 volatile 对象

可以在类中使用 const 和 volatile 关键字定义成员函数，也可以使用 const 和 volatile 关键字来修饰一个对象，这时对象的状态就不能使用一般的成员函数来访问。一个 const 对象只能访问 const 成员函数，一个 volatile 对象只能访问 volatile 成员函数，否则将产生编译错误。

这两个关键字的用法很特别，下面举例说明它们的用法。

（1）返回对象

const 放在函数前面使常量成员返回常量对象，该对象可以与其他常量对象一起使用。如果定义一个 const 对象，则只能访问该对象的 const 成员函数。

程序 4-3　常量对象和常量成员函数的使用方法。

```
//**      LT4-3.cpp                **
#include <iostream.h>
class ConstFun{
public:
    const int f5( ) const {return 5; }
    int Obj( ){return 45; }
};
void main( )
{
ConstFun  s;
const int I=s.f5( );                //使用 f5( ) 初始化整数
int y=Obj( );                       //使用 Obj( ) 作为整数
cout <<I<<" "<<y<<end1;             //输出 5 和 45
const ConstFun  d;                  //const 对象
int j=s.f5( );                      //使用 f5( ) 作为整数
```

```
    cout <<j<<end1;                          //输出 5
}
```
类似地 volatile 成员函数只送回 volatile 对象，可以与其他 volatile 对象一起使用。

程序 4-4 volatile 成员函数的用法示例。
```
//**          LT4-4.cpp                      **
#include <iostream.h>
class VolatileFun{
public:
    int val;
    volatile int f8( );
};
volatile int VolatileFun( )::f8( ){return val; }
void main( )
{
VolatileFun  s;
s.val=89;
volatile int I=s.f8( );
cout<<I<<end1;
}
```
由此可见，这种使用方法与函数的返回值有关。

（2）使用带有 this 指针的成员函数

将关键词 const 写在函数头之后函数体之前，说明该函数是一个 const 成员函数。这时的 const 不是指函数的返回值，而是指函数体中使用的 this 指针。

程序 4-5 带有 const 的 this 成员函数的用法示例。
```
//**          LT4-5.cpp                      **
#include <iostream.h>
class ConstFun{
  int value;
  public:
    int GetValue( ) const;
    int ReadValue( ) const{return value; }
    ConstFun(int I){value=I; }
};
int ConstFun ::GetValue( ) const{return value; }
void main( )
{
ConstFun  s(98);
cout <<s.Getvalue( )<<end1;
}
```
函数 GetValue( )是正常的声明风格。一定要确保在正确的位置上使用 const，而且在函数定义时也必须重复使用 const。否则，编译器会认为是在定义另外的一个函数，从而给出如下错误信息：
```
GetValue( ) is not a member of ConstFun.
```
这种声明方法意味着它必须处理传给成员函数的 this 指针的类型。C++常向非静态成员函数传递不可见的 this 指针。这些成员函数可以由此存取成员数据。因为不能显式地定义 this

指针，所以像函数 GetValue( ) 与 ReadValue( ) 那样，将 const 置于函数头之后，函数体之前以允许编程者改变传给成员函数的 this 指针类型。const 修饰符使 this 具有下面实质上不可见的声明：

```
const ConstFur  *const this;
```

现在，this 指针定义为引用常量 ConstFun 对象，其含义是成员函数不能对类数据成员做修改。以这样严格的方式声明函数对基类是很有用的，基类中的成员函数可以被派生类中的函数覆盖。声明成员函数时，在函数体之前加 const 可以防止覆盖函数改变数据成员的值。在 Borland C++ 类库中经常使用这种声明。例如类 Bag 中的成员函数：

```
ClassType Bag ::isA( ) const{
return bagClass;
}
```

上述声明阻止派生类中任意覆盖 isA( ) 的函数对其所在的对象进行改动，这是因为 isA( ) 函数仅用来检索数据，而不是改变数据。关键词 const 增加了编译器的检错能力。应尽可能地使用它。

上面的讨论也适用于 volatile 成员函数。

（3）同时定义 const 和 volatile 成员函数

一个成员函数可以同时说明为 const 和 volatile，例如：

```
class Example{
  //……
void func( ) const volatile;
};
void Example ::func const volatile
{
//……
};
```

成员函数 func ( ) 具有 const 和 volatile 成员函数的双重角色。这里，在说明成员函数 func( ) 时，const 和 volatile 的相对位置是无关紧要的，但由于它们是类型的一部分，因此，在函数定义中也要使用它们。

（4）使用实例

程序 4-6　使用 const 声明函数。

```
//**        LT4-6.cpp                    **
class ConstFun{
public:
    int value;
    int ReadValue( ) const {return value; }
};
void main( ) {
ConstFun  e;
e.value=78;
int I=e.ReadValue( );        //使用 auto 对象
}
```

程序 4-7　使用 volatile 成员函数。

```
//**        LT4-7.cpp                    **
class VolatileFun{
```

```
int value;
public:
    void SetValue(int) volatile;
    void WriteValue(int v) volatile {value=v; }
};
void VolatileFun ::SetValue(int v) volatile{
    value=v;
}
void main( ){
VolatileFun e;
e.SetValue(5);                  //使用 auto 对象
volatile VolatileFun e2;
e2.SetValue(9);                 //使用 volatile 对象
}
```

程序 4-8　解释下面 GetValue( )成员函数。

```
//**              LT4-8.cpp                    **
class VolatileFun{
    static int value;
    public :
    void GetValue( ) volatile const {return value; }
    };
```

函数声明为 volatile 表明成员函数可以与 volatile 对象连用，而关键词 const 则告诉编译器 GetValuo( )用在具有不可改变数据的对象中。

注意：用 const 声明 static 成员函数没有什么作用。在 C++中声明构造函数和析构函数时使用 const 或 volatile 关键词均是非法的，但有些 C++的编译程序并不给出出错信息。

4.4　转换函数

转换函数(又称为类型转换函数)是类中定义的一个成员函数，其一般形式为：

```
class A{
operator type( );
};
```

其中 type 是一个类型名(也可以是类名)，或是由类型名与类型修饰符"*(指针)"、"[　](数组)"和"( )(函数)"以及 const 或 volatile 等组成的表达式。该函数不能带有参数，也不能指定返回类型，它的返回类型是 type。

当 A 类的一个对象作为操作数用在一个表达式中，而该表达式要求操作数应具有 type 类型时，该转换函数被自动调用，以进行所需的类型转换。例如：

```
//number .h
class number{
private:
  int val;
public:
  number(int I){val=I; }
  operator int( );
```

```
};
number ::operator int ( )
{
return val;
}
```

number 类的类型转换函数返回数据成员 val 的值。分析下面的程序：

```
number n(15);
int I;
I=n;
```

由于赋值运算符的右边被期望是一个 int 类型的操作数，因此，类 number 的转换函数被调用，这个赋值被解释为：

```
I=n. operator int( );
```

程序执行后，I 的值为 15。应习惯于将 operator int 看成一个函数名。下面两条语句由于使用了强制类型转换，也调用了该转换函数：

```
I=int(n);
I=(int)n;
```

分析 test 3 程序：

```
//**            test3.cpp                **
#include <iostream.h>
#include "number.h"
void main( )
{
number n(15);
int I=n;
cout<<I<<end1;                //输出 15
I=I+n;
cout<<I<<end1;                //输出 30
cout<<int(n)<<end1;          //输出 15
}
```

由于输出运算符 "<<" 右边期望的是一个基本类型或字符指针类型的操作数，为使最后一条语句能正确工作通过使用显式强制类型转换调用转换函数。

和普通成员函数类似，转换函数可以被派生类继承。例如：

```
//**            test4.cpp                **
#include <iostream.h>
#include "number.h"
class num: public number{
public:
num(int i): number(i){ }
};
void main( )
{
num n(15);
int i=n;                     //n. operator int( )=15
cout<<i+n<<end1;             //i+n. operator int( )=30
}
```

转换函数也可以被说明为虚函数。例如：

```
//**          test5.cpp              **
# include <iostream.h>
class A{
public:
  virtual operator const char * ( ){return "A"; }
};
class B: public A{
public:
  virtual operator const * ( ){return "B"; }
};
void main( )
{
A *p=new B;
cout <<*p<<end1;            //输出 B
}
```

输出操作只能用于处理基本类型或字符指针类型的数据，但程序中用于输出操作中的表达式"*p"不满足这个要求，因而编译器要进行类型转换。这个转换过程可以写成：

```
p-) operator const char * ( );
```

由于 p 指向派生类 B 的对象，所以类 B 的转换函数被调用。

一个类可以定义多个转换函数，只要能够从 type 中将它们区别开来就可以。当需要进行类型转换时，编译器按这些转换函数在类中说明的顺序，选择第一个遇到的匹配最好的转换函数。如果编译器不能确定应调用哪个转换函数，或不能确定是否调用转换函数(不能确定应进行何种转换而出现了两义性)，这时，程序员可以使用强制类型转换显式确定一个转换函数。

构造函数所提供的类型转换方向(将其他类型的操作数转换为它所在的类类型的操作数)与转换函数所提供的类型转换方向正好相反，因此，恰当地为一个类定义构造函数和转换函数，可以使用一个用户定义的类型与 C++预定义的类型完善地融合在一起。

4.5 指向类成员的指针

对象是一个完整的实体。为了支持这一封装，C++包含了指向类成员的指针。普通的指针可以被用来访问内存中给定类别的任何对象，指向类成员的指针可以访问某个特定类的对象中给定类别的任何成员。

C++既包含指向类成员变量的指针，又包含指向成员函数的指针。

由此可见，C++提供一种特殊的指针类型，它指向类的成员，而不是指向该类的一个对象中该成员的一个实例，这种指针称为指向类成员的指针。

（1）指向类数据成员的指针

类并不是对象，但有时可以将其视为对象来使用。可以声明并使用指向数据成员的指针或指向对象数据成员的指针。指向对象数据成员的指针是比较传统的指针，与 ANSI C 的指针类似。指向类 X 中类型为 type 的数据成员的指针的说明形式为：

```
type X:: *pointer;
```

若类 X 的数据成员 number 的类型为 type，则语句：

```
pointer =&X ::number;
```

将该成员的地址存入 pointer 中。注意：取一个类成员的地址使用表达式 &X:: member。这样得到的地址不是真实地址，而是成员 member 在类 X 的所有对象中的偏移。因此，若要访问某个对象中 pointer 所指向的成员，使用特殊的运算符"*"和"—〉*"。

指向成员变量的指针可以访问某个给定类的任何对象的成员变量。考虑如下简单的类：

```cpp
class A{
public:
    int a, b, c;
    void fa(void){  };
    void fb(void){  };
};
```

下面的说明表明 p 是指向类 A 的整数成员变量的指针。

```cpp
int A:: *p;        //指向类 A 的整数成员变量的指针
```

虽然"::"是作用域分辨符，但在这种情况下，A:: 最好读成"A 的成员"。这时，从内往外看，此说明可读作:p 是一个指针，指向类 A 的一个成员变量，这个变量是整数。p 可以指向仅有的三个成员变量 a，b，c 中的一个，即类 A 的唯一一组整数成员变量。

p 可以使用以下的赋值指向 A 的三个合适的成员变量中的一个：

```cpp
p=&A::a;
p=&A::b;
p=&A::c;
```

这时还没有建立任何 A 类的对象，这是指向成员的指针的核心意义。p 将访问任何对象的 a，b，c 成员变量。为了实际使用指向成员的指针，需要使用".*"和"—>*"运算符，这是新出现在 C++中的运算符。

```cpp
int A::*p;              //指向类 A 的整数成员变量的指针
p=&A::b;               //p 指向类 A 的整数成员变量 b
A   x;                 //类 A 的对象 x
A *px=new A;           //类 A 的对象数据成员的指针
x . *pai=1;            //置 x.b 等于 1
p=&A::c;               //指向类 A 的整数成员变量
px—〉*p=2;             //置 x.c=2
px—〉b=8;              //置 x.b=8
```

".*"运算符将左操作数与右操作数连接起来。左操作数必须是类的对象，右操作数说明了那个类的一个特定成员。在上面的例子中，x 是一个类 A 的对象，由 pai 表示的 A 的成员被赋值 1。"—〉*"运算符有相似的作用。它左边的操作数必须是一个指向类的对象的指针，它右边的操作数表示了那个类的一个特定成员。在上面的例子中，px 是一个指向 A 类的某个对象的指针，pai 表示的 A 的成员被赋值为 2。

由此可见，在使用指向类成员的指针访问对象的某个成员时，必须指定一个对象。如果该对象由对象名或引用标识，则使用运算符"*"；如果是使用指向对象的指针来标识的，则使用运算符"—>*"。

（2）指向成员函数的指针

指向成员函数的指针与指向成员变量的指针工作原理相似，用途也相似。主要的区别在于语法更复杂。下面仍然使用上一节的类 A，说明建立一个 pafn 的变量，它可以指向任何无参数和无返回值的 A 成员函数。

```cpp
void (A:: *pafn)(void);
```

pafn 是一个指向类 A 成员的指针，此成员是一个函数，并且无参数、无返回值，下面的例子说明了 pafn 如何被赋值并用以调用函数的。

```
pafn=A::fa;                    //指向类 A 成员函数 fa( )的指针 pafn
A   x;                         //类 A 的对象
A  *pafn =new A;               //指向类 A 对象的指针 pafn
(x.*pafn)( );                  //指向类 A 的对象的成员函数 fa
(px->*pafn)( );                //指向类 A 对象指针的成员函数 fa
```

指向 X 类中参数类型列表为 list，返回类型为 type 的成员函数的指针的说明形式为：

```
type(X:: pointer)(list);
```

如果类 X 的成员函数 fun 的原型与 pointer 所指向的函数的原型相同，则语句

```
pointer = X ::fun;
```

将该函数的地址(即它在该类所有对象中偏移)置给了指针 pointer。与指向数据成员的指针类似，使用对象名或引用调用 pointer 所指向的函数时，使用运算符".*"。使用指向对象的指针调用 pointer 所指向的成员函数时，使用运算符"—〉*"。例如：

```
//**          test6.cpp                **
# include <iostream.h>
class A{
private:
  int val;
public:
  A(int I) {val=I; }
  int value(int a){return val +a; }
};
void main( )
{
int (A::*pfun)(int);
pfun=A ::value;
A obj(10);
cout <<(obj.*pfun)(15)<<end1;          //输出 15
A* pc=&obj;
cout<<(pc->*pfun)(15)<<end1;           //输出 25
}
```

注意：(obj. * pfun)或(pc—>*pfun)均使用括号括起来。

当一个指向类成员的指针指向一个虚函数时，并且通过指向对象的指针(或引用)访问这个虚函数时，仍发生多态性。例如：

```
//**          test7.cpp                **
#include <iostream.h>
class base{
 public:
   virtual void print( ){cout<<"In Base"<<end1; }        //虚函数
};
class derived: public base{
public:
 void print( ){ cout <<"InDerived"<<end1"<<end1; }        //虚函数的多态性
};
```

```
void display ( base pb，void (base ::pf)( ))
{
(pb—>*pf)( );
}
void main( )
{
derived d;
display(&d, base ::print);
}
```
程序输出 "In Derived"。

指向类的静态成员的指针的定义和使用一般指针的定义和使用方法相同。

```
//**            test8.cpp                **
# include <iostream.h>
  class A{
  public:
    static int num;
};
int A ::num;
void main( )
{
 int *p=&A ::num;
*p=56;
cout<<A: num<<end1;                 //输出 56
cout<<*p<<end1;                     //输出 56
cout <<p<<end1;                     //输出地址
A a, b;
cout <<a.num<<end1;                 //输出 56
cout<<b.num<<end1;                  //输出 56
}
```

由于静态成员不属于任何对象，所以访问指向静态成员的指针时不需要对象。由于静态成员是在类中进行说明的，所以取静态成员的地址时需要进行成员名限定。

4.6 数组与类

ANSI C 可以声明的数组类型都适用于 C++，但类的引入产生了一系列新的可能数组。
常见的有如下几种：
① 类对象数组；
② 类对象指针数组；
③ 对象数据成员数组；
④ 类对象数据成员指针数组；
⑤ 类成员函数指针数组；
⑥ 静态数据成员指针数组。

下面举例说明类对象数组和类对象指针数组的使用方法。

程序 4-9 使用类对象数组的例子。

```
//**          LT4-9.cpp                    **
class Test
{
int num;
float f1;
public:
  Test(int n){num=n; }
  Test(int n,  float f){num=n; f1=f; }
  int GetNum( ){return num; }
  float GetF( ){return f1; }
};
Test one[2]={2, 4};
Test two[2]={Test(1, 3.2), Test(5, 9.5)};
#include <iostream.h>
void main( )
{
 for(int I=0; I<2; I++)
cout<<"one["<<I<<"]="<<one[I].GetNum( )<<end1;
cout<<end1;
for(I=0; I<2; I++)
cout<<"two["<<I<<"]=("<<two[I].getNum( )<<", "
    <<two[I].GetF( )<<")"<<end1;
}
```

输出如下：

```
one[0]=2
one[1]=4
two[0]=(1, 3.2)
two[1]=(5, 9.5)
```

既然可以声明类类型的一个对象，当然也可以声明类对象的数组。声明的方法与声明结构数组相同。编译器调用适当的类构造函数用来建立数组的每一个分量。如果找不到合适的函数，则产生错误信息。

该例中定义了两个构造函数。数组 one 调用一个参数的构造函数 Test(int)未初始化数组，即使用

```
    Test ::Test(int n);
```

以产生数组的每一个分量。数组 two 在定义时使用带两个参数的构造函数 Test(int，float)进行初始化。编译器调用构造函数

```
    Test :: Test(int n,  float f);
```

来产生数组分量。表示对数组分量的成员函数和成员数据的存取方法，与结构数组的有关表示相同。例如：

```
    cout<<"one["<<I<<"]="<<one[I].GetNum( )<<end1;
    cout<<"two["<<I<<"]=("<<two[I].getNum( )<<", "
        <<two[I].GetF( )<<")"<<end1;
```

程序 4-10 使用类对象指针数组的例子。

```
//**        LT4-10.cpp                **
class Test
{
int num;
float f1;
public:
  Test (int n){num=n; f1=f; }
  int GetNum( ) {return num; }
  float GetF( )  {return f1; }
};
Test *one[2]={new Test(2), new Test(4)};
Test *two[2]={new Test(1, 3.2), new Test(5, 9.5)};
#include <iostram.h>
void main( )
{
for (int I=0; I<2; I++)
cout <<"one["<<I<<"]="<<one[I]—>GetNum( )<<end1;
cout<<end1;

for (int I=0; I<2; I++)
cout <<"two["<<I<<"]=("<<two[I]—>GetNum( )<<", "
    <<two[I]—>GetF( )<<")"<<end1;
}
```

输出结果与上例相同。类对象指针数组比类对象数组稍为复杂一些，但声明的语法是相似的。数组 one 和 two 都是直接用动态分配的对象进行初始化的，编译器自动调用构造函数 Test ::Test(int)来产生。one 的每一个分量，自动调用构造函数 Test:: Test(int ，float)来产生 two 的每一个分量。函数 main( )显示了用指针存取成员函数的方法，该表示方法与结构指针数组类似。

4.7　小结

使用静态数据成员，实际上可以消灭全局变量。全局变量给面向对象程序设计带来的问题就是违反数据封装原则。要使用静态必须在 main( )程序运行之前分配空间和初始化。使用静态成员函数，可以在实际创建任何对象之前初始化专有的静态成员。静态成员不与类的任何特定对象相关联。

静态的 static 一词与静态存储类的 static 是两个概念，一个涉及类，一个涉及内存空间的位置以及作用域限定。所以要区分静态对象和静态成员。

友元的作用域主要是为了提高效率和方便编程。但随着硬件性能的提高，友元的这点作用是微不足道的。相反，友元破坏了类的整体操作性，也破坏了类的整体封装性，所以在使用时，要权衡利弊。

习　题　4

填空题

（1）静态成员（　　　　）对象的成员，友元函数（　　　　）类的成员。

（2）在函数体之前加（　　　　）关键字可以防止覆盖函数改变数据成员的值。

多选题

在下列各题的备选答案中，选出所有的正确答案，并将其号码填写在题目中的括号内。

（1）可以访问类的对象的私有成员的有（　　　）。

（A）该类中说明的友元函数　　　　（B）由该类的友元类派生出的类的成员函数

（C）该类的派生类的成员函数　　　（D）该类本身的成员函数

（2）简单成员函数是指声明中不含（　　　）关键字的函数。

（A）const　　　　（B）volatile　　　（C）static　　　（D）void

分析程序题

下面程序的类中定义了静态成员函数和成员变量，请读懂程序，写出其运行结果。

```cpp
# include <iostream.h>
class salary{
int bsal;
int yourbonus;
static int allbonus;
public:
salary(int b)：bsal(b){  }
void calcbonus(double perc){yourbonus=bsal*perc; }
static void resetall(int p){allbonus=p; }
int comptot( ) const
{
return(bsal+yourbonus+allbonus; )
}
};
int salary ::allbonus=100;
void main( )
{
salary w1(1000)，w2(2000);
w1.calcbonus(0.2);
w2.calcbonus(0.15);
salary ::resetall(400);
cout<<"w1="<<w1.comptot( )<<"w2="<<w2.comptot( )<<"\n";
}
```

完成程序题

（1）下面是一个基类 base 和其没完成的派生类 derived，成员函数 setk( )用来计算基类两个数据成员的乘积（k=x*y），成员函数 print( )用来输出结果。完成这两个内联函数，并编写一个通过对象 w 表现 8*9 的主程序。

```cpp
#include <iostream.h>
class base{
```

```
    protected:
        int x, y;
    public:
        void setxy(int a, int b){x=a; y=b; }
    };
    class derived : public base{
    private:
    int k;
    public:
    void setk( ){  }
    void print( ){  }
    };
```

（2）下面是一个定义好的串类，它包括初始化并分配串、动态分配串空间、分配空间并复制串等重载的构造函数、打印串和串连接等成员函数。

```
    #include <string.h>
    #include <iostream.h>
    class string{
    char *s;
    int len;
    public:
    string( ){
    s=new char[81]; len=80;
    }
    string(int n){
    s=new char[n+1];
    len=n;
    }
    string (const char *p)
    {
    len=strlen(p);
    s=new char[len+1];
    strcpy(s, p);
    }
    string (const string& str);
    ~string( ){delete s; }
    void assign(const char *str){
    strcpy(s, str);
    len =strlen (str);
    }
    void print( ){cout <<s<<"\n"; }
    void concat(const string& a, const string& b);
    };
```

其中：

string(const string& str)和 concat(const string& a，const string& b)两个函数在类定义内只是函数原形，要在类定义之外定义这两个函数。下面已提供了两个函数的框架，请填充使之成为完整而正确的函数。

```
string ::string(const string& str)
{
len=str.len;
……
……};
void string ::concat(const string & a, const string& b)
{
len=a.len+b.len;
delete s;
……
……
strcat(s , b.s);
}
```

（3）利用第（2）题给出的类定义，编写一个主函数通过若干个串来测试这个类。

编程题

（1）声明复数的类 complex，使用友元函数 add 实现复数的加法。

（2）根据下面的类定义，写出加法、乘法和减法二元操作符的友元函数，而且每一个函数都应返回 complex。

```
class complex{
double real，imag;
public:
complex(double r){real=r; imag=0; }
void assign(double r, double I){real=r; imag=I; }
void print( ){cout <<real<<"+"<< imag<<"i"; }
};
```

（3）根据第（2）题的 complex 类定义，写出两个友元函数：

```
friend complex operator +(complex, double);
friend complex operator +( double, complex);
```

（4）设计一个使用常量成员函数的示范程序。

（5）设计一个同时使用 const 和 volatile 成员函数的综合程序。

第5章 运算符重载

重载运算符是 C++的一个特性，它使得程序员可以把 C++的运算符的定义扩展到运算分量是对象的情况。运算符重载的目的是使 C++代码更直观，更易读。由简单的运算符构成的表达式常常比函数调用更简洁、易懂。学习本章后，应该理解怎样重定义与类有关的运算符，学会怎样把一个类对象转换为另一个类对象，能把握重载运算符的时机。本章重点介绍了运算符重载的必要性以及增量运算符、转换运算符和赋值运算符的重载。

5.1 运算符重载

C++认为用户定义的数据类型就像基本数据类型 int 和 char 一样有效。运算符（如+，-，*，/）是为基本数据类型定义的，为什么不允许使之适用与用户定义类型呢？例如：

```
Class A
  {
public:
  A(int x)
  {
  a=x;
  }
//
};

A a(5)，b(10)，c;
c=a+b;                    //类对象也应能运算
```

运算符重载可以改进可读性，但不是非有不可。
下列例子计算应付给的人民币，分别用了成员函数和运算符成员函数两种方法。
程序 5-1 利用成员函数和运算符成员函数方法，计算应付的人民币。

```
//**    LT5-1.cpp       * *
#include<iostream.h>
class RMB                //人民币类
{
```

```
public:
RMB(double d){yuan=d; if=(d-yuan)/100; }
RMB interest(double rate)；//计算利息
RMB add(RMB d)；//人民币加
void display( )
{
cout << (yuan+jf/100.0)<<endl;
}
RMB operator+(RMB d){return RMB(yuan+d.yuan+(jf+d.if)/100); }
//人民币加的运算符重载
RMB operator* (double rate){return RMB((yuan+jf/100)*rate); }
Private:
unsigned int yuan；//元
unsigned int jf；//角分
};
RMB RMB: : interest(double rate)
{
return RMB((yuan+jf/100.0)*rate);
}
RMB RMB: : add(RMB d)
{
return RMB(yuan+d.yuan+jf/100.0+d.jf/100.0);
}
//以下是计算应付人民币的两个版本
RMB expensel(RMB principle, double rate)
{
RMB interest=principle.interest(rate);
return principle.add(interest);
}
RMB expense2(RMB principle, double rate)
{
RMB interest=principle*rate;
return principle+interest;
}
void main( )
{
RMB x=10000.0;
double yrate=0.035;
expense1(x, yrate).display( );
expense2(x, yrate).display( );
}
```
运行结果为：
```
10350
10350
```
expense( )的两个版本都可以计算应付人民币，运行结果相同。expense2( )的可读性更好一点，它符合我们计算用"+，*"运算符的习惯。

如果不定义运算符重载，则 expense2( )中 principle*rate 和 principle+interest 是非法的。因为参加运算的是类对象而不是浮点值。

5.2 如何重载运算符

运算符是在 C++系统内部定义的，具有特定语法规则，如参数说明、运算顺序、优先级等。重载运算符时，要注意该重载运算符的运算顺序和优先级不变，例如：

```
class A
{
public:
A(int n)
{
//…
}
operator +(A&, A&)
{
//…
}
operator*(A&, A*&)
{
//…
}
//…
};
Aa=5，b=6，c=7，d=8，e;
e=a+b*c+d; //即[a+(b*c)]+d
```

有了运算符，编程就显得很方便。例如，对于直角三角形斜边长度公式 c=$\sqrt{a^2+b^2}$，用函数化的格式表示为：

```
c=sqrt(add(mult(a, a), mult(b, b)));
```

用运算符的格式表示为：

```
c=sqrt(a*a+b*b);
```

运算符是函数，除了运算顺序和优先级不能更改外，参数和返回类型是可以重新说明的，即可以重载。重载的形式是：

返回类型 operator 运算符号（参数说明）；

例如：A 类对象加法：

```
class A{};
```

int operator＋(A&，A&)；//两个 A 类对象参加运算，返回 INT 型值

C++规定，运算符中，参数说明都是内部类型时，不能重载。例如不允许声明：

```
int * operator+ (int, int*);
```

即不允许进行下述运算：

```
int a=5;
int *pa=&a;
```

```
pa=a*pa;                 //error
```
C++基本类型之间的关系是确定的，如果允许定义上面的新操作，那么，基本数据类型的内在关系将会发生混乱。

C++还规定了"．、::、.*、—>、？:"这五个运算符不能重载，也不能创造新运算符。例如，不允许声明：
```
int operator @(int，int);
```
或者：
```
int operator: : (int，int );
```
程序 5-2 运算符"+，++"声明为人民币类的友元。
```
//**    LT5-2.cpp     * *
#include<iostream.h>
class RMB
{
public:
RMB(unsigned int d，unsigned int c);
friend RMB operator+(RMB&，RMB&);
friend RMB& operator ++(RMB&);
void display( )
{
cout<<(yuan+jf/100.0)<<endl;
}
protected:
unsigned int yuan;
unsigned int jf;
};
RMB: RMB(unsigned int d，unsigned int c)
{
yuan=d;
jf=c;
while (jf>=100)
{
yuan++;
jf-=100;
}
}
RMB operator +(RMB& s1，RMB& s2)
{
unsigned int jf=s1.jf+s2.jf;
unsigned int yuan=s1.yuan+s2.yuan;
RMB result(yuan，jf);
return result;
}
RMB& operator++(RMB& s)
{
```

```
s.jf++;
jf(s.jf>=100)
{
s.jf-=100;
s.yuan++;
}
return s;
}
void main( )
{
RMB d1(1, 60);
RMB d2(2, 50);
RMB d3(0, 0);
d3=d1+d2;
++d3;
d3.display( );
}
```

运行结果为：

4.11

operator( )和 operator++( )定义为友元是为了能访问人民币类的保护成员。

operator+( )是一个双目运算符，它有两个参数 s1 和 s2，并且相加的结果仍为人民币类，返回人民币类对象。

operator++( )是单目运算符，它含有一个参数。operator++( )对人民币类对象的角分做加 1 运算，如果它超过 100，则对该对象的元做加 1 运算并使角分为 0。

如果只给出一个 operator++( )定义，那么它一般可用于前缀后缀两种形式。即 d3++与++d3 不作区别。

5.3 值返回与引用返回

上节中，为什么 operator+( )由值返回，而 operator++( )由引用返回呢？

重载定义"+"和"++"操作的意义是人为的，所以返回类型并非一定如此规定。但如上节定义的"+"和"++"操作的意义，应该规定"+"由值返回，"++"由引用返回。

对于 operator+( )，两个对象相加，不改变其中任一个对象。而且它必须生成一个结果对象来存放加法的结果，并将该结果对象以值的方式返回给调用者。

如果以引用返回如下例：

```
RMB& operator+(RMB& s1, RMB& s2)
{
unsigned int jf=s1.jf+s2.jf;
unsigned int yuan=s1.yuan+s2.yuan;
RMB result(yuan, jf);
Return result;
}
```

则尽管编译正确，能够运行，但会产生奇怪的结果。例中的 result 对象由"+"运算符函数的栈空间分配内存，受限于块作用域，引用返回导致了调用者使用这块会被随时分配的空间。

能否将结果对象从堆中分配来避免上例的问题呢？例如：

```
RMB& operator+(RMB& s1, RMB& s2)
{
unsigned int jf=s1.jf+s2.jf;
unsigned int yuan=s1.yuan+s2.yuan;
return  *new RMB(yuan, jf);
}
```

虽然它无编译问题，可以运行，但是该堆空间无法回收，因为没有指向该堆空间的指针，这会导致内存泄漏，程序不断做加法时，堆空间也在不断流失。

如果坚持结果对象从堆中分配，而返回一个指针，那样在应用程序中就要付出代价。

```
void fn(RMB& a, RMB& b)
{
RMB * pc=a+b;
RMB c=*pc;
delete pc;
}
```

通过值返回，将有一个临时对象在调用者的栈空间产生，它复制被调函数的 result 对象，以便参加调用者中的表达式运算，对于"c=a+b"，则 a+b 的临时对象赋给 c，然后临时对象的作用域也结束了。

与 operator+( )不一样，operator++( )确实修改了它的参数，而且其返回值要求是左值，这个条件决定了它不能以值返回。如果以值返回，则有：

```
RMB operator++(RMB& s)
{
  s.jf++;
  if(s.jf>=100)
  {
    s.jf-=100;
    s.yuan++;
  }
   return s;
}
//…
RMB a(2, 50);
c=a++;
c=++a;
c=++(++a);
```

因为++a 返回一个对象值，这个对象值并非 a 本身，是临时对象的值，它从形参 s 中拷贝而来，随后又进行了括号外的++操作再次产生临时对象，将值赋给 c。所以 a 本身只进行了一次++操作。

5.4　运算符作成员函数

一个运算符除了可以作为一个非成员函数实现外，还可以作为一个成员函数来实现。例如，下面的程序将 LT5-2.cpp 中的 "+" 和 "++" 运算符改成作为成员予以实现。

　　程序 5-3　利用运算符作为成员函数来实现 LT5-2.cpp 中的 "+" 和 "++"。

```
//**          LT5-3.cpp                    **
#include<iostream.h>
class RMB
{
  public:
    RMB(unsigned int d, unsigned int c);
    RMB operator+(RMB&);
    RMB& operator++( );
    void display( )
    {
      cout<<(yuan+jf/100.0)<<endl;
    }
  protected:
    unsigned int yuan;
    unsigned int jf;
};
RMB: : RMB(unsigned int d, unsigned int c)
{
    yuan=d;
    jf=c;
    while(jf>=100)
    {
      yuan++;
      jf-=100;
    }
}
RMB RMB: : operator+(RMB& s)
{
    unsigned int c=jf+s.jf;
    unsigned int d=yuan+s.yuan;
    RMB result(d, c);
    return result;
}
RMB& RMB: : operator++( )
{
    jf++;
    if(jf>=100)
    {
```

```
            jf-=100;
            yuan++;
        }
        return *this;
    }
    void main( )
    {
        RMB d1(1, 60);
        RMB d2(2, 50);
        RMB d3(0, 0);
        d3=d1+d2;
        ++d3;
        d3.display( );
    }
```

运行结果为：

4.11

从程序中看出，作为成员的运算符比之作为非成员的运算符，在声明和定义时，形式上少一个参数。这是由于 C++对所有的成员函数隐藏了第一个参数 this。

下面列出非成员和成员形式的运算符来进行比较。

```
        RMB operator+(RMB& s1, RMB& s2)
        {
unsigned int jf=s1.jf+s2.jf;
unsigned int yuan=s1.yuan+s2.yuan;
RMB result(yuan, jf);
return result;
        }
        RMB RMB: : operator+(RMB& s)
        {
unsigned int c=jf+s.jf;
unsigned int d=yuan+s.yuan;
RMB result(c, d);
return result;
        }
```

可见函数体中内容几乎相同，只是非成员形式加 s1 和 s2，成员形式 s 加当前对象，当前对象的成员隐含着由 this 指向。即 yuan 意味着 this—>yuan。

一个运算符成员形式，将比非成员形式少一个参数，左边参数是隐含的。

作为人民币类的一种常规操作我们应该允许其中有一个操作是 double 型的情况。

c=c+2.5; c=2.7+c;

但是由于参数类型不同，上例的运算符不论是成员形式还是非成员形式，都不能被这两个调用所匹配，还必须重载下列两个成员运算符。

```
RMB  operator+(RMB&s, double d)
{
unsigned int y=s.yuan+d;
unsigned int j=s.jf+(d-s.yuan)*100+0.5;
RMB result(y, j);
```

```
}
inline RMB operator+(double d，RMB& s)
{
  return s+d;
}
```

这里第二个重载运算符调用了第一个重载运算符，两者之间只是参数顺序相反，定义后者为内联函数是一个技巧，省去了必要的开销。

从中得出，为了适应其中一个操作数是 double 的情况，不得不额外引入两个重载运算符。如果有构造函数：

```
RMB(double value)
{
yuan=value;
jf=(value-yuan)*100.0+0.5;
}
```

就能够将 double 通过构造，变换成 RMB 类，于是：

```
class RMB
{
  public:
    RMB(unsigned int d, unsigned int c);
    RMB(double value);
   friend RMB operator+(RMB& s1, RMB& s2);
    //其余同前
};
 void main( )
 {
   RMB s(5.8);
   s=RMB(1.5)+s;
   s=1.5+s;
   s=s+1.5;
   s=s+1;
  }
```

现在不必定义 operator+(double，RMB&)和 operator+(RMB&，double)了，因为可将 double 转换成 RMB 类，然后匹配 operator+(RMB&，RMB&)。

该变换可以是显式的，如 s=RMB(1.5)+s 那样，也可以是隐含的。此时，由于其中的一个操作数是 RMB 对象，而且参数个数相同，所以它首先假定 operator+(RMB&，RMB&)可以匹配，然后寻找能够使用的转换。发现构造函数 RMB（double）可作为转换的依据。在完成转换后，真正匹配 operator+(RMB&，RMB&)运算符。所以程序员可以通过定义转换函数来减少定义的运算符个数。

但是如果是下面的情况：

```
s=1.5+6.4;
```

那么由于左右操作数都是 double 型，所以为匹配基本数据类型的加法，进行浮点运算。然后因为赋值表达式左面是 RMB 对象，所以该赋值运算将右面表达式的结果用构造函数 RMB（double）进行 RMB 转换，再赋值给 s。

C++中规定：=，（），[]，—>这四种运算符必须为成员形式。

5.5 重载增量运算符

在 LT5-2.cpp 中，描述的重载增量运算符是不区分前增量与后增量的。那么编译器是如何区别前增量和后增量的呢？

（1）前增量与后增量的区别

使用前增量时，对对象（操作数）进行增量修改，然后再返回该对象。所以前增量运算符操作时，参数与返回的是同一个对象。这与基本数据类型的前增量操作类似，返回的也是左值。

使用后增量时，必须在增量之前返回原有的对象值。为此，需要创建一个临时对象，存放原有的对象，以便对操作数（对象）进行增量修改时，保存最初的值。后增量操作返回的是原有对象值，不是原有对象，原有对象已经被增量修改，所以，返回的应该是存放原有对象值的临时对象。

（2）成员形式的重载

C++约定，在增量运算符定义中，放上一个整数形参，就是后增量运算符。

程序 5-4　分别定义了前增量与后增量成员运算符。

```
//**                  LT5-4.cpp                 ***
#include<iostream.h>
class Increase
{
public:
  Increase(int x): value(x){}
  Increase&operator++( );
  Increase operator++(int);
  void display( )
  {
    cout<<"the value is"<<value<<endl;
  }
private:
  int value;
};
Increase&Increase: : operator++( )
{
    value++;
    return *this;
}
Increase Increase: : operator++(int)
{
    Increase temp(*this);
    value++;
    return temp;
  }
void main( )
```

```
{
    Increase n(20);
    n.display( );
    (n++).display( );
    n.display( );
    ++n;
    n.display( );
    ++(++n);
    n.display( );
    (n++)++;
    n.display( );
}
```
运行结果为：
```
the value is 20
the value is 20
the value is 21
the value is 22
the value is 24
the value is 25
```
前后增量操作的意义，决定了其不同的返回方式。前增量运算符返回引用，后增量运算符返回值。

后增量运算符中的参数 int 只是为了区别前增量与后增量，除此之外没有任何作用。因为定义中，无须使用该参数，所以形参名在定义头中省略。

对于（n++）++中的第二个"++"是对返回的临时对象所作的，从最后一行输出可以看出对 n 的修改只发生一次。

（3）**非成员形式的重载**

前增量和后增量的非成员运算符，也有类似的编译区分方法。例如，下面的程序将 LT5-4.cpp 中的前增量和后增量运算符修改为非成员形式：

程序 5-5 前增量和后增量运算符修改为非成员形式。

```
//**              LT5-5.cpp                **
#include<iostream.h>
class Increase
{
  public:
    Icrease(int x): value(x){}
    friend Increase&operator++(Icrease&);
    friend Increase operator++(Icrease& int);
    void display( )
    {
      cout<<"the value is"<<value<<endl;
    }
    private:
      int value;
    };
    Increase&operator++(Increase&a)
```

```
        {
a.value++;
return a;
}
Increase operator++(Increase&a, int)
{
    Increase temp(a);
a.value++;
return temp;
}
void main( )
{
  Increase n(20);
  n.display( );
  (n++).display( );
n.display( );
  ++n;
  n.display( );
  ++(++n);
  n.display( );
  (n++)++;
  n.display( );
}
```

运行结果为:

```
the value is 20
the value is 20
the value is 21
the value is 22
the value is 24
the value is 25
```

可见, 前增量和后增量运算符的定义以及成员形式与非成员稍有不同, 但前增量和后增量运算符的使用则完全相同。

5.6   转换运算符

转换运算符的声明形式为:

```
operator 类型名();
```

它没有返回类型, 因为类型名就代表了它的返回类型, 故返回类型就显得多余。

转换运算符将对象转换成类型名规定的类型。转换时的形式就像强制转换一样。如果没有转换运算符定义, 直接用强制转换是不行的, 因为强制转换只能对基本数据类型进行操作, 对类类型的操作是没有定义的。

例如, 下面的程序在类中定义了转换运算符, 在主函数中将 double 数分别显式和隐式转换成 RMB 对象。

程序 5-6   利用转换运算符, 将 double 数分别显式和隐式转换成 RMB 对象。

```
//**                    LT5-6.cpp                    **
#include<iostream.h>
class RMB
{
    public：
      RMB(double value=0.0);
      Operator double( )
      {
        return yuan+jf/100.0;
      }
      void display( )
      {
        cout<<(yuan+jf/100.0)<<endl;
      }
    protected：
      unsigned int yuan;
      unsigned int jf;
    };
    RMB: : RMB(double value)
    {
      yuan=value;
      jf=(value-yuan)*100+0.5;
    }
    void main( )
    {
      RMB d1(2.0)，d2(1.5)，d3;
      d3=RMB((double)d1+(double)d2);
      d3=d1+d2;
      d3.display( );
    }
```
运行结果为：

3.5

对于 d3=d1+d2，C++系统依次：

找成员函数的"+"运行符（此处未找到）；

找非成员的"+"运行符（此处未找到）。

由于存在内部运算符 operator+(double，double)，所以假定匹配其程序中的加法。

寻找能将实参（RMB 对象）转换成 double 型的转换运算符 operator double( )(找到)。于是，d1，d2 转换成 double 型，匹配内部的 double 加法，得到一个 double 的结果值，然后，对左面是 RMB 对象的赋值运算符，将右面的表达式转换成 RMB 临时对象，赋值给 RMB 对象 d3。

转换运算符的优点：

有了转换运算符，不必提供对象参数的重载运算符。可以从转换路径，到达 double 型，进行基本运算，得到 double 结果，再构造回来。

转换运算符的缺点：

无法定义其类对象运算符操作的真正含义，因为转换之后，只能进行其他类型的运算符操作（如 double 加法运算）。

通过提供一个 double 转换，所有甚至无意义的 RMB 运算也将获得 double 转换而得以可操作。

转换运算符与转换构造函数（简称转换函数）互逆。例如，RMB（double）转换构造函数将 double 转换为 RMB，而 RMB：operator double( ) 将 RMB 转换成 double。

除此之外，还要防止同一类型提供多个转换路径（转换的二义性），它会导致编译出错。例如，下面的代码将使编译出错。

```
class A
{
  public:
    A(B& b);
    //…
};
class B
{
    public:
    operator A( );
    //…
  };
  void main( )
  {
    B sb;
    A a=A(sb);
  }
```

遇到 A（sb）时，编译找到 A 的转换函数，准备将其转换成 A 对象，可是又从 B 类找到转换运算符，也可以换成 A 对象，由于多义性的原因，编译报错。

5.7　赋值运算符

（1）赋值运算符的意义

只要是用户定义的类或结构，都应该能进行赋值运算，这也是继承了 C 语言的特点，例如：

```
struct s{int a, b; };
s a, b;
a=b;
```

对任何类，像拷贝构造函数一样，C++也提供赋值运算符，但要区别拷贝构造函数和赋值运算符。

```
void fn(MyClass& mc)
{
MyClass newMC=mc;
newMC=mc;
}
```

当拷贝构造函数执行时，newMC 对象还不存在，拷贝构造函数起初始化的作用。当赋值运算符在 newMC 上执行时,它已经是一个 Myclass 对象了。

(2) 如何重载赋值运算符

重载赋值运算符与重载其他运算符类似。

例如,下面的程序提供了赋值运算符作为 Name 类的公共成员,以使主函数(普通函数)中两个对象之间允许互相赋值。

程序 5-7　利用赋值运算符使主函数中两个对象之间相互赋值。

```cpp
//**                    LT5-7.cpp                    **
#include<string.h>
#include<iostream.h>
class Name
{
public:
Name( )
{
    pName=0;
}
Name(char * pn)
{
    copyName(pn);
}
Name(Name & s)
{
    copyName(s.pName);
}
~Name( )
{
deleteName( );
}
Name&operator=(Name&s)
{
    deleteName( );
    copyName(s.pName);
    return *this;
}
void display( )
{
cout<<pName<<endl;
}
protected:
    void copyName(char * pN);
    void deleteName( );
    char * pName;
    };
void Name: : copyName(char * pN)
  {
```

```
  pName=new char[strlen(pN)+1];
  if(pName)
  {
  strcpy(pName, pN);
  }
 }
 void Name: : deleteName( )
 {
  if(pName)
  {
  delete pName;
pName=0;
  }
 }
  void main( )
  {
Name s("claudette");
Name t("temporary");
t.display( );
t=s;
t.display( );
}
```
运行结果为：
```
temporary
claudette
```
Name 类在存储区中保留了一个人的名字，在构造函数中该存储区是从堆中分配出来的，存在浅拷贝问题，必须自定义赋值运算符与拷贝构造函数。

赋值运算符以 operator=( )的名称出现，看起来像一个析构函数后面跟着拷贝构造函数。通常赋值运算符有两部分，第一部分与析构函数类似，在其中取消对象已经占用的资源。第二部分与拷贝构造函数类似，在其中分配新的资源。

对象 t 创建时，具有名字"temporary"，它在堆中存放。在 t=s 赋值过程中，通过调用 deleteName( )，原先名字占用的空间还给堆，再另外调用 copyName( )从堆中分配新存储区去存储新名字"claudette"。

拷贝构造函数不需要调用 deleteName( )，因为刚创建时，还没有分配存放名字的堆空间。

赋值运算符 operator=( )的返回类型是 Name&。这与赋值的语义相匹配。C++要求赋值表达式左边的表达式是左值，它能进行诸如下列的运算：
```
int a, b=5;
(a=b)++;
```
如果一个类定义了"++"运算符，则它也能执行类似上面的表达式，得到正确的 a 的值。例如，在 LT5-3.cpp 中如果增加一个人民币类的赋值运算符，且不返回引用。则有：
```
RMB operator=(RMB& s)
{
yuan=s.yuan;
jf=s.jf;
}
```

这时执行下列表达式：

```
RMB a(5.2), b(2.6);
(b=a)++;
```

因为 b=a 返回的是对象值，而 RMB 类定义了 "++" 操作，所以，"(b=a)++;" 是合法的。但由于返回的不是引用，该值是 b 对象的一个复制，并不是 b 本身，所以 "++" 的操作是 b 的复制对象而已。

5.8 小结

使用运算符重载可以使程序易于理解并易于对对象进行操作。几乎所有的 C++ 运算符都可以被重载，但应注意不要重载违反常规的运算符。不能改变运算符操作数的数量，也不能发明新的运算符。

如果在类中没有说明本身的拷贝构造函数和赋值运算符，编译程序将会提供，但它们都只是对对象进行成员浅拷贝。在那些以指向堆空间指针作为数据成员的类中，必须避免使用浅拷贝，而要为类定义自己的赋值运算符，以给对象分配堆内存。

this 指针指向当前的对象，它是所有成员函数的不可见的参数，在重载运算符时，经常返回 this 指针的间接引用。

通过转换运算符可以在表达式中使用不同类型的对象。转换运算符不遵从函数应有返回值类型的规定，与构造函数和析构函数相同，它没有返回值。

在前增量和后增量运算符定义中，使用 * 形参只是为了标志前后有别，没有其他的作用。

拷贝构造函数是用已存在的对象创建一个相同的新对象，而赋值运算符把一个对象的成员变量值赋予一个已存在的同类对象的同名变量。学习本章后，应该理解怎样重定义与类有关的运算符，学会怎样把一个类对象转换为另一个类对象，能把握重载运算符的时机。

习 题 5

（1）定义复数类的加法与减法，使之能够执行下列运算：

```
complex a(2, 5), b(7, 8), c(0, 0);
c=a+b;
c=4.1+a;
c=b+5.6;
```

（2）编写一个时间类，实现时间的加、减及读和输出。

（3）根据 LT5-3.cpp，增加操作符，以允许作相应赋值。

```
money& operator+=(const money&);
money& operator+=(double);
money& operator-=(const money&);
money& operator-=(double);
```

第6章 I/O 流

C++的 I/O 流，是最常用的 I/O 系统，到目前为止，我们一直在用这个类。学习了本章后，应该理解怎样使用 C++面向对象的 I/O 流，能够格式化输入和输出，理解 I/O 流类的层次结构，理解怎样输入和输出用户自定义类型的对象，能够建立用户自定义的流操作符，能够确定流操作的成败，能够把输入、输出系到输入流、输出流上。

6.1 I/O 标准流类

（1）标准流的设备名

iostream.h 是 I/O 流的标准头文件。其对应的标准设备见表 6-1。

表 6-1　标准 I/O 流设备

C++中的名字	设备	C 中的名字	默认的含义
cin	键盘	stdin	标准输入
cout	屏幕	stdout	标准输出
cerr	屏幕	stderr	标准错误
clog	打印机	stdprn	打印机

这表明 cout 对象的默认输出是屏幕，cin 对象的默认输入是键盘。

（2）原理

cout 是 ostream 流类的对象，它在 iostream.h 头文件中作为全局对象定义。例如：

```
ostream  cout(stdout);
```

ostream 流类对应每个基本数据类型都有友元，它们在 iostream.h 中声明：

```
ostream& operator<<(ostream& dest, char *pSource);
ostream& operator<<(ostream& dest, int source);
ostream& operator<<(ostream& dest, char source);
```

分析语句：

```
cout<<"my name is Jone";
```

cout 是 iostream 对象，"<<" 是操作符，右面是 char*类型，故匹配上面的"ostream& operator<<(ostream& dest, char *pSource); "操作符。它将整个字串输出，并返回 iostream 流

对象的引用。如果是:

```
cout<<"this is"<<7;
```

则根据"<<"的运算优先级,可以看作为:

```
(cout<<"this is")<<7;
```

由于"cout<<"this is""返回 ostream 流对象的引用,与后面的"<<7"匹配了另一个"ostream& operator<<(ostream& dest,int source);"操作符,结果构成了连续的输出。

同理,cin 是 istream 的全局对象,istream 流类也有若干个友元。

```
istream& operator>>(istream& dest, char * pSource);
istream& operator<<(istream& dest, int source);
istream& operator<<(istream& dest, char source);
```

除了标准输入输出设备外,还有标准错误设备 cerr。

当程序测试并处理关键错误时,不希望程序的错误信息从屏幕显示重定向到其他地方,这时使用 cerr 流显示信息。

例如,下面程序在除法操作不能进行时显示一条错误信息。

程序 6-1 显示错误信息的程序。

```
//**          LT6-1.cpp               ***
#include<iostream.h>
void fn(int a, int b)
{
    if(b==0)
cerr<<"zero encountered."
    <<"the message cannot be redirected";
else
  cout<<a/b<<endl;
}

void main( )
{
 fn(20, 2);
 fn(20, 0);
}
```

运行结果为:

```
c>LT12-1>xyz.dat
zero encountered.the message cannot be redirected
```

文件 xyz.dat 的内容为:

```
10
```

主函数第一次调用 fn( )函数时,没有碰到除 0 运算,得到文件的写内容 10,第二次调用 fn( )函数时,碰到除 0 运算,于是在屏幕上输出错误信息,写到 cerr 上的信息是不能被重定向的,所以它只能在屏幕上显示。

6.2 文件流类

ofstream,ifstream,fstream 是文件流类,在 fstream.h 中定义。其中,fstream 是 ofstream 和 ifstream 多重继承的子类。文件流类不是标准设备,所以没有 cout 那样预先定义的全局对象。文件流类定义的操作应用于外部设备，最典型的设备是磁盘中的文件。要定义一个文件流类对象，须规定文件名和打开方式。

类 ofstream 用于执行文件输出，该类有几个构造函数，其中最有用的是：

```
ofstream: : ofstream(char * pFileName,
              int mode=ios: : out,
              int prot=filebuf: ; openprot);
```

第一个参数是指向要打开的文件名字串，第二和第三个参数说明文件是如何被打开的。mode 是打开方式，它的选择项见表 6-2。

表 6-2　文件打开选择项

标志	含义
ios:: ate	如果文件存在，输出内容加在末尾
ios:: in	具有输入能力（ifstream 默认）
ios:: out	具有输出能力（ofstream 默认）
ios:: trunc	如文件存在，清除文件内容（默认）
ios:: nocreate	如文件不存在，返回错误
ios:: noreplace	如文件存在，返回错误
ios:: binary	以二进制方式打开文件

prot 是文件保护方式，它的选择项见表 6-3。

表 6-3　文件保护方式选择项

标志	含义
filebuf:: openprot	兼容共享方式
filebuf:: sh_none	独占，不共享
filebuf:: sh_read	允许读共享
filebuf:: sh_write	允许写共享

程序 6-2　在文件 myname 中，写入一些信息。

```
//**               LT6-2.cpp             **
#include<fstream.h>
void fn( )
{
  ofstream myf(c: \\bctemp\\myname);
  myf<<"In each of the following questions, a related pair\n"
    <<"of words or phrases is followed by five lettered pairs\n"
    <<"of words or phrases.\n";
}
void main( )
{
  fn( );
}
```

此处的文件名要说明其路径，斜杠要双写，因为编译器理解的斜杠是字符转换符。这与包含头文件时的路径不一样，因为包含头文件是由编译预处理器处理的。

文件打开时，匹配了构造函数 ofstream:: ofstream(char *)，只需一个文件名，其他为默认，打开方式默认为 ios:: out|ios:: trunc，即该文件用于接受程序的输出，如果该文件原先已存在，则其内容必须先清除，否则就新建。

例如，若要打开二进制文件，写方式，输出到文件尾，则：

```
ofstream bfile("binfile", ios::binary|ios::ate);
```
又例如，要检查文件打开否，则判断 fail( )成员函数：
```
#include<fstream.h>
void fn( )
{
  ofstream myf("myname");
  if(myf.fail( ))
  {
  cerr<<"error opening file myname\n";
  return;
  }
  myf<<"…";
}
```
例如，打开一个输入文件(要从文件中读数据)：
```
#include<fstream.h>
void fn( )
{
    ifstream myinf("xyz.dat", ios::nocreate);
    //…}
```
可以通过检查 myinf.fail( )来确定打开文件是否有错。

例如，打开同时用于输入和输出的文件：
```
fstream myinout("xyz.dat", ios::in||ios::out);
```
用 ifstream 打开的文件，默认打开方式为 ios::in，用 fstream 打开的文件，打开方式不能默认。

6.3　串流类

ostrstream,istrstream,strstream 是串流类，在 strstrea.h 中定义。其中，strstream 是 ostrstream 和 istrstream 多重继承的子类。同样串流类不是标准设备，所以没有 cout 那样预先定义的全局对象。串流类允许将 fstream 类定义的文件操作应用于存储区中的字符串，即将字符串看作设备，这很像 C 中的库函数 sprintf( )和 sscanf( )。要定义一个串流类对象，须提供字符数组和数组大小。

类 istrstream 用于执行串流输入，该类有几个构造函数，其中最有用的是：
```
istrstream::istrstream(const char* str);
istrstream::istrstream(const char* str, int size);
```
第一个参数指出字符串数组，第二个参数说明数组大小。当 size 为 0 时，表示把 istrstream 类对象连接到由 str 指向的以空字符结束的字符串。

例如，下面的代码定义了一个串流类对象，并对其进行输入操作。
```
char str[100]="I am a student.\n";
char a;
istrstream ai(str);
ai>>a;
cout<<a<<endl;
```

输出结果为：

I

类 ostrstream 用于执行串流输出，该类也有几个构造函数，其中最有用的是：

ostrstream: : ostrstream(char*, int size, int=ios: : out);

第一个参数指出字符串数组，第二个参数说明数组大小，第三个参数指出打开方式。

程序 6-3 使用串流输入对字符串中的数据进行解读。

```cpp
//**              LT6-3.cpp                **
#include<iostream.h>
#include<strstrea.h>
char * parseString(char* pString)
{
  istrstream inp(pString, 0);
  int aNumber;
  float balance;
  inp>>aNumber>>balance;
  char* pBuffer=new char[128];
  ostrstream outp(pBuffer, 128);
  outp<<"a Number ="<<aNumber
    <<", balance ="<<balance;
  }
 void main( )
{
  char *str="1234100.35";
  char *pBuf=parseString(str);
  cout<<pBuf<<endl;
  delete []pBuf;
}
```

运行结果为：

a Number=1234, balance =100.35

在函数 parseString( )中，以 pString 为输入设备，先定义一个输入串流对象 inp，从中输入一个整数和一个浮点数。

然后，开辟一个字符串空间(pBuffer 指向的 128 个字符)作为输出设备而定义输出串流对象 outp，将从输入设备中输入的两个变量值输出。

6.4 控制符

C++有两种方法控制格式输出。

（1）用流对象的成员函数

程序 6-4 改变输出精度。

```cpp
//**              LT6-4.cpp                **
#include<iostream.h>
void fn(float interest, float amount)
{
cout<<"RMB amount=";
cout.precision(2);
```

```
cout<<amount;
cout<<"\nthe interest=";
cout<<precision(4);
cout<<interest<<endl;
}
void main( )
{
folat f1=29.41560067;
float f2=12.567188;
fn(f1, f2);
}
```

运行结果为：

```
RMB amount=13
The interest=29.42
```

precision( )为 cout 对象的成员函数，在要求输出一定精度的数据之前，先调用这个精度设置成员函数。

（2）控制符

manipulators(控制符)是头文件 iomanip.h 中定义的对象，与成员函数调用效果相同。控制符的优点是程序可以直接将它们插入流中，不必单独调用。

程序 6-5 用控制符设置小数精度，重写 LT6-4.cpp。

```
//**            LT6-5.cpp            **
#include<iostream.h>
#include<iomanip.h>
void fn(float interest，float amount)
  {
     cout<<"RMB amount="
        <<setprecision(2)<<amount;
     cout<<"\nthe interest="
        <<setprecision(4)<<interest
        <<endl;
  }
  void main( )
  { float f1=29.41560067;
    float f2=12.567188;
    fn(f1, f2);
  }
```

常用控制符和流格式控制成员函数如表 6-4 所示。

表 6-4 常用控制符与流控制成员函数

控制符	成员函数	描述
dec	flags(10)	置基数为 10
hex	flags(16)	置基数为 16
oct	flags(8)	置基数为 8
setfill(c)	flags(c)	设填充字符为 c
setrecision(n)	precision(n)	设显示小数精度为 n 位
setw(n)	width(n)	设域宽为 n 个字符

控制符和流成员函数相对应，它们用法不同，但作用相同。

其中 setw(n)或 width(n)很特别，它们在下一个域输出后，又回到原先默认值。例如，输出下面的两个数。

程序 6-6 setw(n)和 width(n)的用法。

```
//**          LT6-6.cpp              **
#include<iostream.h>
#include<iomanip.h>
void main( )
{
cout.width(8);
cout<<10
<<20<<endl;
}
```

运行结果为：

```
      1020
```

整数 20 并没有按宽度 8 输出。Setw( )的默认值为宽度 0，即 setw(0)，意思是按输出对象的表示宽度输出。所以 20 就紧挨着 10 了。若要每个数值都有域宽度 8，则每个值都要设置：

```
cout<<setw(8)<<10
    <<setw(8)<<20<<endl;
```

从中得出，用控制符的方法更加直接。

程序 6-7 打印一个倒三角形。

```
//**          LT6-7.cpp              **
#include<iostream.h>
#include<iomanip.h>
void main( )
{
  for(int n=1; n<8; n++)
   cout<<setfill(' ')<<setw(n)<<" "
       <<setfill('x')<<setw(15-2*n)<<"x"<<endl;
}
```

运行结果为：

```
    xxxxxxxxxxxxx
     xxxxxxxxxxx
      xxxxxxxxx
       xxxxxxx
        xxxxx
         xxx
          x
```

cout<<setfill(' ')<<setw(n)<<" "中所要显示的" "长度 n，但它本身长度只有 1，所以其余的内容就由 setfill(' ')来填充了，效果就使得'x'前的空格逐行增加。同样，cout<<setfill('x')<<setw(15-2*n)<<" "中所要显示的" "长度为 15-2*n，但它本身长度只有 1，而且所要显示的是一个空格，setfill('x')的作用就是将 15-2*n 个空格用其'x'来填充，由于 15-2*n 逐行递减，结果就显示一个用'x'构成的倒三角形。

比较下列同样完成倒三角形显示的程序。

程序 6-8 另一个倒三角形显示的程序。

```
//**          LT6-8.cpp                **
#include<iostream.h>
void main( )
  {
    for(int k=1; k<=7; k++)
    {
    for(int k=1; k<=n; k++) cout<<" ";
    for(int k=1; k<=15-2*n; k++) cout<<"x";
    cout<<endl;
    }
  }
```

流成员函数也有其优点，它种类多，而且可以返回以前的设置，便于恢复设置。

程序6-9 函数设置某精度输出，然后恢复成原来的精度设置。

```
//**              LT6-9.cpp                **
#include<iostream.h>
void main( )
{
  float value=2.345678;
  int preprecision;
  preprecision=cout.precision(4);
  cout<<value;
  cout.precision(preprecision);
  //…
}
```

运行结果为：

```
2.346
```

假定程序中原来的精度设置不知道，"cout.precision(4)"可以返回原来设置的精度，保存该值在 preprecision 变量中，使得最后用该值恢复原来的设置。

6.5   使用 I/O 成员函数

大多数简单的 C++程序使用 cin 来进行输入操作。有时候需要对输入操作进行更加精细的控制，这时可以用 I/O 流成员函数。

（1）用 getline( )读取输入行

当程序使用 cin 输入时，cin 用空白符和行结束符将各个值分开。根据所需输入的值，可能需要读取一整行文本并且分开不同的域。为了读取一行文本，可以使用 getline 成员函数。其函数原形为：

```
getline(char * line, int size, char='\n');
```

第一个参数是字符数组，用于放置读取的文本，第二个参数是本次读取的最大字符个数，第三个参数是分隔字符，作为读取一行结束的标志。

例如，下面的函数是从键盘读取一行文本。

```
#include<iostream.h>
void fn( )
```

```
{
  char str[128];
  cout<<"Type in a line of text and press enter"<<endl;
  cin.getline(str, sizeof(str));
  cout<<"you typed: "<<str<<endl;
}
```

在默认状态下，getline 成员函数读字符直到回车，或者读到指定的字符数。为了要在遇到某个字符（比如字母 'x'）时，结束输入操作，可以按下面方式使用：

```
cin.getline(line, sizeof(line), 'x');
```

程序 6-10 在遇到'x'字符处结束第一个输入操作，然后执行第二个输入。

```
//**              LT6-10.cpp                **
#include<iostream.h>
void main( )
{
  char  str[128];
  cout<<"Type in a line of text and press enter"<<endl;
  cin.getline(str, sizeof(str), 'x');
  cout<<"First line: "<<str<<endl;
  cin.getline(str, sizeof(str));
  cout<<"Second line: "<<str;
}
```

运行结果为：

```
Type in a line of text and press enter
You should look "x" up in the subject catalogue
First line: you should look"
Second line: "up in the subject catalogue
```

运行时，当出现输入文本的提示时，键入一组以 X 分隔开的单词。当程序显示其输出时，将把 X 以前的文本显示为一行，X 以后的文本显示为一行，不包括 X 字符本身。

程序中的 X 是对大小写敏感的。一个小写 X 不会结束第一个 cin.getline( )的输入，而且，在键入 X 之前，可以按一到多次回车键，而并不结束第一个 cin.getline( )的输入。第一个 cin.getline( )的输入操作将以键入 X 后的第一个回车结束。

（2）用 get( )读取一个字符

根据程序输入的要求，有时需要执行每次一个字符的输入操作。这时，可以使用 get( )成员函数。其格式为：

```
char istream: : get( );
```

程序 6-11 循环读入字符，直到用户键入一个 Y 字符，或遇到 ctrl-C（文件尾）。

```
//**              LT6-11.cpp          **
#include<iostream.h>
#include<ctype.h>
void main( )
{
  char letter;
  while(!cin.eof( ))
  {
    letter=cin.get( );
```

```
        letter=toupper(letter);
        if(letter=='Y')
        {
          cout<<"'Y' be met.";
          break;
        }
        cout<<letter;
        }
    }
```

如程序 6-11 所示，该程序在遇到一个 Y 字符之前做简单循环，为了简化测试，该程序将每个字符都转换成大写。

"char toupper(char);"函数原型在 ctype.h 中声明，如果参数为小写字母，将其转换为大写字母，否则，原样返回。程序 6-11 中函数 toupper( )将 letter 转换为大写字母后，赋值给 letter 变量，所以 letter 变量值被改变。

使用流成员函数的输入操作不只限于键盘，程序 6-11 可从重定向输入中每次读入一个字符。下面的命令把 LT6-11.cpp 文件作为重定向输入，并输出运行结果。

```
c>LT6-11<LT6-11
#include<iostream.h>
#include<ct'Y' be met.
```

（3）用 get( )输入一系列字符

用 get( )成员函数的第二种形式可以输入一系列字符，直到输入流中出现结束符或所读字符个数已达到要求读的字符个数。其原型为：

```
istream& istream::get(char * , int n, char delim='\n');
```

由于可以规定输入字符个数，所以下面不安全的代码：

```
istream fin("xyz.dat");
char buffer[80];
fin>>buffer;
```

可以改写为：

```
istream fin("xyz.dat");
char buffer[80];
fin.get(buffer, 80);
```

（4）输出一个字符

程序 6-12　使用 put( )成员函数，在屏幕上依次显示字母表中的字母。

```
//**              LT6-12.cpp              **
#include<iostream.h>
void main( )
    {
char letter;
for(letter='A'; letter<='Z'; letter++)
    cout.put(letter);
}
```

运行结果为：

ABCDEFGHIJKLMNOPQRSTUVWXYZ

上述流成员函数同样适用于文件流和串流。

程序 6-13　打开以命令行变元形式指定的文件，然后逐个读取字符并显示。

```
//**        LT6-13.cpp            **
#include<fstream.h>
#include<iostream.h>
void main(int argc, char **argv)
    {
      ifstream in(argv[1]);
      if(in.fail( ))
      {
        cerr<<"error opening the file: "<<argv[1]<<endl;
        return;
      }
      while(!in.eof( ))
        cout.put(in.get( ));
      in.close( );
    }
```
put( )成员函数的参数是文件流对象 in 的成员函数 get( )的返回值。

6.6 小结

C 的 I/O 是丰富、灵活和强大的，但是 C 的 I/O 系统一点也不了解对象，不具有类型的安全性。C++的 I/O 流继承了 C 的 I/O 系统，它操作更简捷，更易理解，它使标准 I/O 流、文件流和串流的操作在概念上统一了起来。有了控制符，C++更加灵活。由它所重载的插入运算符完全融入了 C++的类及其继承的体系。

学习本章后，应该理解怎样使用 C++面向对象的 I/O 流，能够格式化输入和输出，理解 I/O 流类的层次结构，理解怎样输入和输出用户自定义类型的对象，能够建立用户自定义的流操作符，能够确定流操作的成败，能够把输出流系到输入流上。

习 题 6

编程题

（1）编写一个程序，它读入一个文件，并统计文件中的行数。

（2）设字符串 string="123456789"，用串流 I/O 的方法编程逐个读取这个串的每个数，直到读完为止，并在屏幕上输出。

（3）编写一个程序统计文件 xyz.txt 的字符个数。

（4）重载流操作符"<<"及">>"，模拟 irE 下的日期设置。

（5）利用流格式控制，进行成绩和名字的输出，要求名字左对齐，分数右对齐。

（6）重载一元和二元"+"操作符，使之具有日期相加功能，并举例实现。

（7）设计一个类，通过运算符重载实现复数的减法。

（8）编写一个完整程序将增 1 重载为友元运算符并运行验证之。

（9）编写程序验证自己对格式控制命令的理解。

（10）编写一个产生文本文件的程序。

（11）把第（10）题产生的文件再通过应用程序产生一个拷贝。

（12）假如已经有文件 try1.txt，编一个程序实现如下拷贝过程：

copyfile try1.txt try2.txt

问答题

（1）什么是流类和流类库？

（2）流类通过重载哪些操作符执行输出和输入的操作？它们又分别被称为什么？

（3）什么是类运算符？什么是友元运算符？

（4）C++的流库预定义了哪些流？

（5）setw 命令起到了什么作用？

第7章 模板

模板是 C++语言相对较新的一种重要的特性。模板使程序员能够快速建立具有类型安全的类库集合和函数集合，它的实现方便了更大规模的软件开发。本章介绍了模板的概念、定义和使用模板的方法，通过这些介绍，使读者能有效地把握模板，以便能正确使用 C++系统中日渐庞大的标准模板类库。

7.1　模板的概念

若一个程序的功能是对某种特定的数据类型进行处理，则将所处理的数据类型说明为参数，就可把这个程序改写为模板。模板可以让程序对任何其他数据类型进行同样方式的处理。

C++程序由类和函数组成，模板也分为类模板(class template)和函数模板(function template)。因此，可以使用一个带多种不同数据类型的函数和类，而不必显式记忆针对不同的数据类型的各种具体版本。

函数模板的一般定义形式是：

```
template<类型形式参数表> 返回类型 FunctionName(形式参数表)
{
//函数定义体
}
```

其中的类型形式参数表可以包含基本数据类型，也可以包含类类型。如果是类类型，则须加前缀 class。

这样的函数模板定义，不是一个实实在在的函数，编译系统不为其产生任何的执行代码。该定义只是对函数的描述，表示它每次能单独处理在类型形式参数表中说明的数据类型。

当编译发现有一个函数调用：

```
FuctionName(实在参数表);
```

将根据实在参数表中的类型，确认是否匹配函数模板中对应的形式参数表，然后生成一个重载函数。该重载函数的定义体与函数定义体相同，而形式参数表的类型则以实在参数表的实际类型为依据。该重载函数称模板函数（template function）。

函数模板与模板函数的区别

函数模板是模板的定义，定义中用到了通用类型参数。

模板函数是实实在在的函数定义，它由编译系统在遇见具体的函数调用时所生成，具有程序代码。

类模板的一般说明形式是：

```
template<类型形式参数表> class  className
{
//类声明体
};
template<类型形式参数表>
返回类型 className<类型名表>：：MemberFuncName1（形式参数表）
{
//成员函数定义体
}
template<类型形式参数表>
返回类型 className<类型名表>：：MemberFuncName2（形式参数表）
{
//成员函数定义体
}
…
template<类型形式参数表>
返回类型 className<类型名表>：：MemberFuncNameN（形式参数表）
{
//成员函数定义体
}
```

其中的类型形式参数表与函数模板中的意义相同。后面的成员函数定义中，className<类型名表>中的类型名表，是类型形式参数的使用。

这样的一个说明(包括成员函数定义)，不是一个实实在在的类，只是对类的描述，称为类模板(class template)。

建立类模板之后，可用下列方式来创建类模板的实例：

```
className<类型实在参数表> object;
```

其中类型实在参数表应与该类型模板中的类型形式参数表相匹配。className<类型实在参数表>是模板类(template class)，object 是该模板类的一个对象。

7.2　函数模板

对于具有各种参数类型的同一函数，如果用宏定义来写：

```
#define  max(a, b)  ((a)>(b)?(a)：(b))
```

则它不能检查其数据类型，损害了类型安全性。这也是为什么要使用函数模板的一个原因。

另外，如果分别单独定义其函数重载，例如，求同一数据类型数值中的最大值：

```
int max (int a, int b)
{
        return a>b?a: b;
```

```
}
float max (float a， float b )
{
return a>b?a: b;
}
```

对于与整数相容的 char 类型数据值的调用，也不能得到满意的结果。如调用：

max ('3'， '5');

则编译系统为其找到一个 int 型的匹配，调用"int max(int a ， int b); "函数，但是它将返回 53 而不是'5'(其 ASCⅡ 码是 53)。

程序 7-1　用函数模板可将许多重载函数简单地归为一个。

```
***
//**                  LT7-1.cpp                  **
***
#include <iostream.h>
template <class T>
T max(a，b)
{
return a>b?a: b;
}
void main( )
{
   cout<<"Max(3，5) is"
       <<max(3，5)<<endl;
   cout<<"Max('3'，'5') is "
       <<max('3'，'5')<<endl;
}
```

运行结果为：

```
Max(3，5) is 5
Max('3'，'5') is 5
```

当编译发现用指定数据类型调用函数模板时，就创建一个模板函数。

程序 7-1 中，当编译程序发现 max(3，5)调用时，它就产生了一个如下的函数定义，生成其程序代码。

```
int max(int a，int b)
{
return a>b?a: b;
}
```

当发现 max('3', '5')调用时，它又产生另一个如下的函数定义，也生成其程序代码。

```
char max(char a，char b)
{
return a>b?a: b;
}
```

这样，实参是何种数据类型，返回值也是何种数据类型，就不会出现前面的问题了。而且模板又避免了相同操作的重载函数定义。

7.3　重载模板函数

程序 7-2　像重载普通函数那样重载模板函数。

```
//**                    LT7-2.cpp                    **
#include<iostream.h>
#include<string.h>
template<class T> T max(a, b)
{
return a>b?a: b;
}
char* max(char* a, char* b)
{
return (strcmp(a, b)>0?a: b);
}
void main( )
{
cout<<"Max(\"hello\", \"gold\") is"
    <<max("hello", "gold")<<endl;
}
```

运行结果为：

```
Max("hello", "gold") is hello
```

函数 char max (char *，char *)中的名字 max 与函数模板的名字相同，但操作不同，函数体中的比较采用了字串比较函数，所以有必要用重载的方法把它们区分开，这种情况就是重载模板函数。编译程序在处理这种情况时，首先匹配重载函数，然后再寻求模板的匹配。

编译程序看到 max("hello"，"gold")调用时，先进行重载函数匹配，结果匹配了非模板函数 char max(char，char)，所以这里不会为它产生模板函数的代码。

7.4　类模板的定义

链表操作并不依赖于要处理的链表的数据类型。定义类模板时，就是利用了这种独立性。链表操作时，只要把要处理的数据类型当作参数。一个类模板用于构筑一个通用链表，例如，整数链表，结构链表以及任何其他定义过的数据类型的链表。

用类模板来定义一个通用链表，此时该通用链表还不是一个类定义，只是类定义的一个框架，即类模板。

图 7-1 中定义了一个单向链表的模板类，它分别实现增加、删除、寻找和打印操作。见图 7-1 所示。

增加时，Add( )成员函数在链首挂接上一个携有 T 类型对象的结点，使之成为链首结点，由步骤①，②，③，④完成：

从堆空间申请一个结点；

将 T 类对象挂接在这个结点上；

将该结点指向链首的结点；

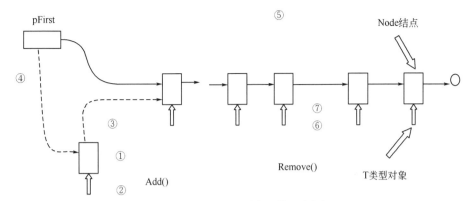

图 7-1　单向通用链表操作示意图

将该结点成为链首（链首指针 pFirst 指向它）。

删除时，Remove( )成员函数寻找到挂接该对象的结点，先脱链，再删除结点。由步骤⑤，⑥，⑦完成：

链中待删结点前后的两个结点链接起来，以使待删结点脱链；

删除待删结点上的 T 类对象（将空间还给堆）；

删除待删结点（将空间还给堆）。

如果找不到对应结点，则无功而返；如果找到的是链首结点，则进行步骤⑤的脱链，由链首指针 pFirst 指向下一个结点来完成。删除结点须先将挂接的对象删除。

寻找时，Find( )成员函数从链首开始遍历整个链表，查找是否有结点含有对应的对象，若无，则返回空指针。

打印时，PrintList( )成员函数从链首开始遍历整个链表，打印每个结点下的对象值，因而要求 T 类型的输出运算符须有定义。

链表类对象包含唯一的一个数据成员 pFirst，刚创建时，pFirst 指向空，链表也为空。当进行增加操作时，链表非空，而 pFirst 指向链首。所有成员函数的操作，都是从 pFirst 着手的。

链表类析构的任务是把链表中所有的结点空间收回，包括挂接在结点下的 T 类对象。它从链首开始遍历整个链表，处理结点时，先删除挂接的对象，再删除结点，然后去处理下一个结点。例如：

```
//**          listtmp.h                **
#include<iostream.h>
template<class T>class List
{
  public:
    List( );
    void Add(T&);
    void Remove(T&);
    T *Find(T&);
    void PrintList( );
~List( );
  protected:
struct Node{
  Node *pNext;
```

```cpp
    T  *pT;
  };
   Node  *pfirst;              //链首结点指针
};
template<class T>List<T>: : List( )
{
pFirst=0;
}
template<class T>
void List <T>: : Add(T& t)
{
Node* temp=new  Node;        //①
temp—>pT=&t;                 //②
temp—>pNext=pFirst;          //③
pFirst=temp;                 //④
}
template<class T>
void List<T >: : Remove(T&  t)
{
Node *q = o;
if (*(pFirst->pT)= = t)
{
q=pFrist;
pFirst=pFirst—>pNext;
}
else
{
for(Node*  p=pFirst;  p—>pNext;  p=p—>pNext)
    if(*(p—>pNext—>pT)= =t)
{
q= p—>pNext;
p—>pNext=q—>pNext;          //⑤
break;
}
}
if(q){
delete  q—>pT;              //⑥
delete q;                   //⑦
}
}
template<class T>
T*  List<T>: : Find(T&  t)
{
for(Node*  p=pFirst; p; p=p—>pNext)
{
if(*(p—>pT)= = t)
```

```
    return p->pT;
}
    return 0;
}
template<class T>
void List <T >: : PrintList( )
{
for(Node *  p=pFirst; p; p=p->pNext)
{
cout<<*(p->pT)<<"";
}
cout << endl;
}
template<class T>
            List<T>: : ~List( )
            {
Node* p;
while(p=pFirst)
{
pFirst=pFirst->pNext;
delete p->pT;
delete p;
}
}
```

上例模板类中，嵌套了一个 Node 结构类型。Node 结构变量是通用链表类中的链表结点，只在通用链表类的范围内操作，所以，该定义嵌套在模板类中。

7.5　使用类模板

使用类模板的方法为：在程序开始的头文件中说明类模板的定义。

在适当的位置创建一个模板类的实例，即一个实实在在的类定义，同时创建该模板类的对象。

有了对象名，以后的使用就和通常一样。但要记住，你规定了何种类型的模板类，在使用成员函数时，所赋值的实参也要对应该类型。

程序 7-3　成员函数使用时，赋予的实参也须对应。

```
//**            LT7-3.cpp                **
#include"listtmp.h"
void main( )
{
  List<float> floatList;
  for(int i =1; i<7; i++)
  {
floatList.Add(*new float(i+0.6));
      }
```

```
            floatList.PrintList( );
            float b=3.6;
            float*  pa=floatList.Find(b);
            if(pa)
   floatList.Remove(*pa);
   floatList.PrintList( );
            }
```
运行结果为：

6.6 5.6 4.6 3.6 2.6 1.6

6.6 5.6 4.6 2.6 1.6

上例类模板的定义（包含其成员函数定义）都在头文件中，这与一般类定义的方法不同。

一般类定义时，类定义部分作为界面放在头文件中，成员函数定义部分作为实现放在 cpp 文件中。但作为模板，在应用程序中，编译发现 List<float>floatList; 这样的声明时，要为其生成模板类的实实在在的定义，所以模板中必须包含整个模板（包含其成员函数定义）的完整定义，在生成模板类之后，系统又为其创建该类的对象。

创建了模板类对象，就是创建了一个链表，这时链表为空。

程序执行了 Add( )操作后，链表便一个个长起来。执行 Add（）时，程序先从堆中申请分配 float 变量空间，初始化，然后作为参数传递给 Add( )，Add( )马上从堆中申请分配结点空间，挂接该 float 变量，最后作为链首链入链表中。

程序创建了 float 变量并赋值，然后以此作为实际参数寻找链表中等于该值的 float 变量。如果找到，将找到的变量作为引用参数调用 Remove( )成员函数。

7.6　小结

模板是一种安全的、高效的重用代码的方式。它被用于参数化类型中，在创建对象或函数时所传递的类型参数可以改变其行为。

每个模板类的实例是一个实际的对象，可以像其他对象一样使用，甚至可以作为函数的参数，或作为返回值。

与类和函数的定义不同，类模板和函数模板的定义一般放在头文件中。

在 C++中，一个发展趋势是使用标准模板类库 VC 和 BC 都把它作为编译器的一部分。STL 是一个基于模板的包容类库，包括向量、链表和队列，还包括一些通用的排序和查找算法等。

STL 的目的是为替代那些需要重复编写的通用程序。当理解了如何使用一个 STL 类之后，在所有的程序中不用重新编写就可以使用它。

本章学习后，要求能有效地把握模板，能正确地使用 C++系统中日渐庞大的标准模板类库。

习　题　7

程序设计

（1）编写一个函数模板，它返回两个值中的最小者。但同时要确保能够正确处理字符串。

（2）使用模板函数实现 swap(x，y)，函数功能为交换 x、y 的值。编写一个程序调用该函数。

（3）用模板函数实现找出三个数值中按最小值到最大值排序的程序。

（4）利用模板设计一个求数组元素总和的函数，并检验之。

（5）重载第（4）题中的模板函数，使它能够进行两个数组的求和。

（6）修改第（5）题程序，使它能够进行字符串相加。

（7）设计一个模板类，演示各种类型的数组输出，要求使用格式控制并重载操作符。

异常处理

在编写程序时，应该尝试确定程序可能出现的错误，然后加入处理错误的代码。例如，当程序执行文件 I/O 操作时，应测试文件打开以及读写操作是否成功，并且在出现错误时作出正确的反应。随着程序复杂性的增加，为处理错误而必须包括在程序中代码的复杂性也增加了。为使程序更易于测试和处理错误，C++产生了异常处理机制。

本章介绍了 C++异常处理机制的实现以及使用 try、throw 和 catch 语句来支持异常处理。

8.1 异常的概念

在大型软件开发中，最大的问题就是错误连篇的、不稳定的代码。而在设计与实现中，最大的开销是花在测试、查找和修改错误上。

程序的错误，一种是编译错误，即语法错误。如果使用了错误的语法、函数、结构和类，程序就无法被生成运行代码。另一种是在运行时发生的错误，它分为不可预料的逻辑错误和可以预料的运行异常。

逻辑错误是由于不当的设计而造成的，例如，某个排序算法不合适，导致在边界条件下，不能正常完成排序任务。一般只当用户做了某些出乎意料的事情后才会出现逻辑错误，这些错误，安静地潜伏着，这对于许多大型的优秀软件都不能避免。就像大战之后残留的地雷，在"一切正常"中，突然某人进入误区，程序发生了"爆炸"。一旦发现了逻辑错误，专门为其写一段处理错误的代码，就可避免错误的发生，比如数组下标溢出检查，这样错误就防范在先了。

运行异常可以预料，但不能避免，它是由系统运行环境造成的。例如，内存空间不足，而程序运行中提出内存分配申请时，得不到满足，就会发生异常；在硬盘上的文件被挪离，或者软盘没有放好，导致程序运行中文件打不开而发生异常；程序中发生除 0 的代码，导致系统除 0 中断；打印机未开、调制解调器掉线等，导致程序运行中挂接这些设备失败，等等。这些错误会使程序变得脆弱。然而这些错误是能够预料的，通常加入一些预防代码便可防止这些异常。如，对文件打不开时的保护的程序为：

```
#include<fstream.h>
//…
void f(char * str)
```

```
{
ifstream source(str);
if(source.fail( ))
{
cerr<<"Error opening the file: "<<str<<endl;
exit(1);
}
//…
    }
```

异常是一种程序定义的错误，它对程序的逻辑错误进行设防，对运行异常加以控制。C++中，异常是对所能预料的运行错误进行处理的一套实现机制。

8.2　异常的实现

使用异常的步骤是：

（1）定义异常（try 语句块）　将那些有可能产生错误的语句框定在 try 块中；

（2）定义异常处理（catch 语句块）　将异常处理的语句放在 catch 块中，以便异常被传递过来时就处理它；

（3）抛掷异常（throw 语句）　检测是否产生异常，若是，则抛掷异常。

程序 8-1　设置了防备文件打不开的异常。

```
//**                    LT8-1.cpp                        **
#include<fstream.h>
#include<iostream.h>
#include<stdlib.h>
void main(int argc, char ** argv)
{
ifstream source(argv[1]);
char line[128];
try
  {
  if(source.fail( ))
  throw argv[1];
  }
catch(char * s)
    {
      cout<<"error opening the file"<<s<<endl;
      exit(1);
    }
    while(!source.eof( ))
    {
      source.getline(line, sizeof(line));
      cout<<line<<endl;
    }
    source.close( );
```

　　　　}

假定 C 盘中无 abc.txt 文件，有 xyz.txt 文件，内容为两行问候句子，则运行结果为：

```
c: \LT8-1 abc.txt
error opening the file abc.txt
c: \LT8-1 xyz.txt
hello!
How are you?
```

这里抛掷异常（throw argv[1]）与处理异常（catch 块）在同一个函数中。当打开文件失败时，就执行"throwargv[1]；"语句，throw 后面的表达式 argv[1]的类型被称为所引发的异常之类型。

try 块结构表示块中的语句可能会发生异常，放在其中加以监控。C++只理会受监控的过程之异常。

在 try 块之后必须紧跟一个或多个 catch( )语句，目的是对发生的异常进行处理。catch( )括号中的声明只能容纳一个形参，当类型与抛掷异常的类型匹配时，该 catch( )块便称捕获了一个异常而转到其块中进行异常处理。

程序中如果没有发生异常，即 source.fail( )为逻辑假，则将继续执行：

```
while(!source.eof( ))
{
source.getline(line, sizeof(line));
cout<<line<<endl;
}
source.close( );
```

如果发生了异常，即 source.fail( )为逻辑真，则抛掷的异常 throw argv[1]将被

```
catch(char * s)
{
cout<<"error opening the file"<<s<<endl;
exit(1);
}
```

捕获，最后以执行 exit(1)；而告终。

可以将抛掷异常与处理异常放在不同的函数中。

程序 8-2　定义一个除零异常。

```
//**              LT8-2.cpp           **
#include<iostream.h>
double Div(double, double);
void main( )
{
try
{
cout<<"7.3/2.0="<<Div(7.3, 2.0)<<endl;
cout<<"7.3/0.0="<<Div(7.3, 0.0)<<endl;
cout<<"7.3/1.0="<<Div(7.3, 1.0)<<endl;
}
catch(double)
{
cout<<"except of deviding zero.\n";
```

```
}
cout<<"That is ok.\n";
}
double Div(double a, double b)
{
if(b==0.0)
throw b;
return a/b;
}
```
运行结果为：
```
7.3/2.0=3.65
except of deviding zero.
That is ok.
```
语句"cout<<"7.3/1.0="<<Did(7.3，1.0)<<endl；"没有执行。

当调用函数表达式：
```
Div(7.3, 0.0)
```
时，控制转移到函数 Div( )内执行，这时，b==0.0 为逻辑真，被除 0 在数学上是无意义的，所以，程序中定义为异常。

由于发生了异常，函数 Div( )被退栈处理，随后调用函数 Div( )后面的语句：
```
cout<<"7.3/1.0="<<Div(7.3, 1.0)<<endl;
```
不再被执行。异常被
```
catch(double)
{
cout<<"except of deviding zero.\n";
}
```
所捕获，执行完异常处理，程序紧接着执行异常处理后面的语句：
```
cout<<"That is ok.\n";
```
如果程序中不发生异常，将 try 语句块中的第二条语句改为"Div(7.3，1.5);"，则运行结果为：
```
7.3/2.0=3.65
7.3/1.5=4.86667
7.3/1.0=7.3
That is ok.
```
程序在执行完 try 语句块之后，紧接着就执行 catch( )语句块后面的语句。

8.3　异常的规则

以 catch 开始的程序块是异常处理程序，编写异常处理程序的规则是：

（1）任意数量的 catch 分程序应立即出现在 try 分程序之后。在 try 分程序出现之前，不能出现这些 catch 程序块。例如：
```
int j;
double d;
char str[20];
```

```
class Coords
{
    public:
        Coords(double a, double b);
        //…
};
class String
{
    public:
        String(char *);
        //…
};
void f( )
{
try
{
//…
throw 10;
//…
throw j;
//…
throw "abc";
//…
throw str;
//…
throw Coords(1.0, 3.0);
//…
throw String("def");
}
catch(int k)
{
//…
}
catch(double x)
{
//…
}
catch(char * ptr)
{
//…
}
catch(Coords c)
{
//…
}
catch(String s)
```

```
{
//…
}
cout<<"That is ok.\n";
}
```

在本例中 catch 程序块必须出现在 try 块之后，并且在 try 块之后可以出现多个 catch 程序块。

（2）在 catch 行的圆括号中可包含数据类型声明，它与函数定义中参数声明起的作用相同。应把异常处理 catch 块看作是函数分程序。放在 catch 之后的圆括号中必须含有数据类型，捕获是利用数据类型匹配来实现的。在数据类型之后放置参数名是可选的。参数名使得被捕获的对象在处理程序分程序中被引用。

在上例中，抛掷异常：

"throw 10；"和"throw j；"被 catch(int j)的处理程序捕获；

"throw d；"被 catch(double x)捕获；

"throw "abc"；"被 catch（char * ptr）捕获；

"throw Coords(1.0，3.0)；"被 catch(Coords c)捕获；

"throw String("def")；"被 catch(String s)捕获。

捕获的原因是抛掷的数据类型与异常处理程序的数据类型相匹配。

我们在程序 LT8-2.cpp 中已经看到 catch(double)的声明中，参数名是省略的，在该异常处理中，没有用到参数名。

（3）如果一个函数抛掷一个异常，但在通往异常处理函数的调用链中找不到与之匹配的 catch，则该程序通常以 abort( )函数调用终止。

在上例中，在 try 块中，如果我们增加一个抛掷异常：

throw 'w'；

则由于数据类型不匹配，而未能被任何 catch 块所捕获，这时，系统用它自己的默认异常处理程序 abort( )来做这项工作。

8.4　异常处理机制

在处理程序和语句之间的相互作用使异常在大型应用程序中变得复杂。通常人们希望抛掷被及时捕获，以避免程序突然终止。此外，跟踪抛掷也是很重要的，因为捕获确定该程序的后继进展。例如，抛掷和捕获可以用来重新开始程序内的一个过程，或者从应用程序的一部分跳到另一部分，或者回到菜单。

例如，下面的代码说明了异常处理机制：

```
void f( )
{
  try
  {
    g( );
    }
catch(Range)
{
//…
```

```
}
catch(Size)
{
//…
}
catch(…)
{
//…
}
}
void g( )
{
h( );
}
void h( )
{
try
{
h1( );
}
catch(Size)
{
//…
throw10;
}
catch(Matherr)
{
//…
}
}
void h1( )
{
//…
throw (Size);
try
{
//…
throw Range;
h2( );
h3( );
}
catch(Size)
{
//…
throw;
}
```

```
}
void h2( )
{
//…
throw Matherr;
}
void h3( )
{
//…
throw Size;
}
```

处理程序的模式可由函数调用链中的异常处理来描述，如图 8-1 所示。它显示了包含 try 和异常处理程序的各个函数。它们使程序员能确定在一个应用程序中抛掷和捕获的模式。

在图 8.1 中每个函数都以方框形式出现。每个方框分为两部分。左边部分表示该函数

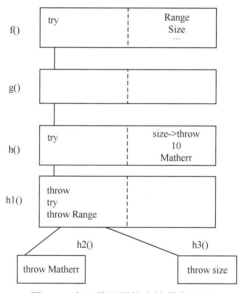

图 8-1　在函数调用链中的异常处理

是否包含一个 try 分程序，它也指出在 try 之前或在最后的异常处理程序之后的所有显式抛掷。在 try 块中的所有显式抛掷语句都被表示成在 try 之下把 throw 缩进的形式。

方框的右边部分通过 catch 的数据类型列出各异常处理。图 8-1 中表明一个异常处理中是否执行重新抛掷。重新抛掷时，处理程序后面是一个箭头和被抛掷对象的数据类型。

函数 f( ) 中的 catch(…) 块，参数为省略号，定义一个"默认"的异常处理程序。通常这个处理程序应在所有异常处理块的最后，因为它与任何 throw 都匹配，它的目的是为避免定义的异常处理程序没能捕获抛掷的异常而使程序运行终止。

函数 h( ) 中的 catch(Size) 块，包含有一个抛掷异常语句 throw 10，当实际执行这条语句时，将沿着调用链向上传递，被函数 f( ) 中的 catch(…) 所捕获。如果没有 f( ) 中的 catch(…)，那么，异常将被系统的 terminate( ) 函数调用，后者根据常规再调用 abort( )。

函数 h1( ) 中的抛掷 throw Size，由于不在本函数的 try 块中，所以只能沿函数调用链向上传递，结果被 h( ) 中的 catch(Size) 捕获。

函数 h1( ) 中的抛掷 throw Range，在 try 块中，所以首先匹配 try 块后的异常处理程序，

可是没有被捕获，因而它又沿函数调用链向上，在函数 f( )中，catch(Range)块终于捕获了该抛掷。

函数 h1( )中的 catch(Size)块，包含一个抛掷 throw，没有带参数类型，它表示将捕获到的异常对象重新抛掷出去，于是，它将沿函数调用链向上传递，在 h( )中的 catch(Size)块捕获了该抛掷。

函数 h2( )中的抛掷 throw Matherr，首先传递给 h1( )中的 catch 块组，但未能被捕获，然后继续沿调用链向上，在 h( )中的 catch(Matherr)块，捕获了该抛掷。

函数 h3( )中的抛掷 throw Size，向上传递给 h1( )中的 catch 块组，被 catch(Size)块捕获。

8.5　使用异常的方法

可以把多个异常组成族系。构成异常族系的一些示例有数学错误异常族系和文件处理错误异常族系。在 C++代码中把异常组在一起有两种方式：异常枚举族系和异常派生层次结构。

例如，下面的代码是一个异常枚举族系的例子：

```
enum FileErrors{nonExist, wrongFormat, diskSeekError, …};
int f( )
{
  try
   {
     //…
     throw wrongFormat;
   }
   catch(FileErrors fe)
   {
     switch(fe)
{
case nonExist:
      //…
    case wrongFormat:
      //…
    case diskSeekError:
      //…
   }
   }
   //…
  }
```

在 try 块中有一个 throw，它抛掷一个 FileErrors 枚举中的常量。这个抛掷可被 catch(FileErrors)块捕获到，接着后者执行一个 switch，对照情况列表，匹配捕获到的枚举常量值。

上面的异常族系也可按异常派生层次结构来实现，如下例所示：

```
class FileErrors{};
class NonExist: public FileErrors{};
class WrongFormat: public FileErrors{};
```

```
class DiskSeekError: public FileErrors{};
int f( )
{
try
{
//…
throw WrongFormat;
}
catch(NonExist)
{
//…
}
catch(DiskSeekError)
{
//…
}
catch(FileErrors)
{
//…
}
//…
}
```

上面的各异常处理程序块定义了针对类 NonExist 和 DiskSeekError 的派生异常类对象，针对 FileErrors 的异常处理，既捕获 FileErrors 类对象，也捕获 WrongFormat 对象。

异常捕获的规则除了前面所说的，必须严格匹配数据类型外，对于类的派生，下列情况可以捕获异常：

（1）异常处理的数据类型是公有基类，抛掷异常的数据类型是派生类；

（2）异常处理的数据类型是指向公有基类的指针，则抛掷异常的数据类型是指向派生类的指针。

8.6　小结

为了检测异常，程序中使用 try、catch 和 throw 语句。异常处理使程序中错误的检测简单化，并提高了程序处理错误的能力。

所谓异常是指程序中有运行错误。程序应能检测以下几种错误：

① try 语句使 C++能够进行异常检测；

② catch 紧跟在 try 语句后面，以捕获异常；

③ 通过程序中的 throw 语句报告异常；

④ 异常通过 throw 类型和 catch 的参数相匹配而捕获；

⑤ 捕获异常后，程序将执行 catch 中的语句；

⑥ 如果程序抛出一个不能捕获的异常，C++将执行默认异常处理函数。

本章学习后，要求能使用 try、catch 和 throw 语句实现异常处理。

习　题　8

（1）设有下列类声明：

```
class A{
public:
A( )
{
n=new int;
init( );
}
private:
int n;
};
```

写出 init( )引发异常的处理程序。

（2）简述异常实现的规则。

参 考 文 献

[1] 传智播客高教产品研发部. C++程序设计教程. 北京：人民邮电出版社，2015

[2] 朱晓凤，卢青华. C++程序设计实践案例教程. 北京：人民邮电出版社，2015

[3] 刘璟. C++程序设计. 北京：高等教育出版社，2013

[4] Nell Dale Chip Weems. C++程序设计（第三版）. 北京：高等教育出版社，2013

[5] [美] Bjarne Strou. C++程序设计语言. 北京：机械工业出版社，2013

[6] Y.Daniel Liang. C++程序设计（英文版·第3版）. 北京：机械工业出版社，2013

[7] 李晋江. C++面向对象程序设计. 北京：清华大学出版社，2012

[8] 刘志铭，随光宇. C++项目开发全程实录. 北京：清华大学出版社，2011

[9] 余苏宁. C++程序设计. 北京：高等教育出版社，2011

[10] 秦广军. 零点起飞学 C++. 北京：清华大学出版社，2013

[11] 梁兴柱. Visual C++.NET 程序设计. 北京：清华大学出版社，2010

[12] 蔺华. C 面向对象程序设计与框架. 北京：电子工业出版社，2011

[13] 李尤丰，李勤丰. 面向对象程序设计（C++）. 南京：南京大学出版社，2010

[14] 陈哲. VC++程序设计. 西安：西北工业大学出版社，2009

[15] 余祖龙. 面向对象程序设计. 北京：北京航大大学出版社，2010